단호한
부모가

단단한
아이를
만듭니다

단호한 부모가 단단한 아이를 만듭니다

**감정은 따뜻하게 읽고,
행동은 강단 있게 이끄는 똑똑한 훈육 수업**

임영주 지음

메가스터디BOOKS

머리말

끝까지 자녀와 잘 지내는 부모는
따뜻하게 공감하고 단호하게 훈육합니다

부모는 한 사람을 세상에 내보내기 위해 매일 건강히 먹이고, 입히고, 가르칩니다. 물리적인 도움만 주는 것이 아니라, 아이가 상처받지 않도록 정서적으로도 잘 돌봐야 합니다. 그렇기 때문에 분명히 훈육해야 하는 순간임을 알면서도, 아이의 눈망울을 보면 마음이 약해져서 혹은 아이와 관계가 나빠지지 않을까 두려워 훈육을 그만두기도 하지요.

이처럼 훈육에 관한 불안을 안고 있음에도 훈육은 그만둘 수 없습니다. 아이를 키우면 매일 크고 작은 사건들이 생기기 때문이지요. 그리고 여러 예상치 못한 아이의 행동과 반응을 만나게 됩니다. 많은 부모님들은 이럴 때 혼란스러워하면서 반드시 해야 할 말은 생략하고, 하지 말아야 할 말을 내뱉기도 합니다.

또 아이가 속상해하거나 억울한 일을 당했을 때 어떻게 반응해야 아이가 외부로부터 오는 불가항력 상황에서 좌절하지 않고 극복할 수 있는 힘을 길러줄 수 있을지 고민일 것입니다. 이런 상황은 아이가 어릴 때부터 성인이 될 때까지 지속해서 발생합니다. 그렇기에 아이의 성장 단계에 따라 부모가 효과적인 소통 방법을 사용해야 합니다.

"아이가 규칙을 어기거나 공격적인 반응을 보일 때, 저도 모르게 화를 내고 나중에 후회하는 일이 많아요."
"아이가 속상해하거나 억울해할 때 무조건 달래주어야 하나요?"
"아이가 잔소리 그만하라고 해서 대화가 안 돼요."

이 책은 위와 같이 끝없는 부모님들의 고민을 덜어드리기 위해 만들었습니다.

더불어 이 책을 읽는 부모님께 드리고 싶은 말 한마디가 있습니다.
"따뜻하고 단단한 부모가 되세요."

아이는 부모의 공감과 훈육을 통해 세상으로 나갈 힘을 얻습니다. 부모가 흔들리지 않고 사랑을 담아 일관된 기준을 지키면, 아이는 자신을 조절하고, 효능감을 느끼며 행복하게 성장할 수 있습니다. 하루하루 반복되는 훈육과 공감의 순간이 쌓여, 아이와 부모 모두의 삶을 더욱 풍요롭게 만들 것입니다.

이번 책은 특히 아이의 마음을 존중하면 아이가 제멋대로 자라지는 않을지 걱정인 부모님, 아이의 감정을 존중하면서 훈육하는 방법을 구체적으로 알고 싶은 부모님, 청소년기 아이와 소통이 어려운 부모님들을 위해 썼습니다. 도움이 될 만한 부분을 다양한 사례 중심으로 이해하기 쉽게 다루었으니 이 책을 통해 양육의 효능감을 느낄 수 있게 되기를 바랍니다.

아이의 미래는 부모의 오늘을 닮습니다. 단단하고 따뜻한 부모가 되어주세요. 아이와 함께 성장하는 부모님을 마음 깊이 응원합니다.

임영주

차례

3장. 이럴 때는 단호하게 말하고 행동하세요

4장. 아이의 마음에 공감할 때도 기준이 필요해요

5장. 효과 있는 부모의 말에는 규칙이 있습니다

6장. 부모의 태도가 아이를 단단하게 키웁니다

7장. 바르게 혼난 부모를 아이는 평생 고마워합니다

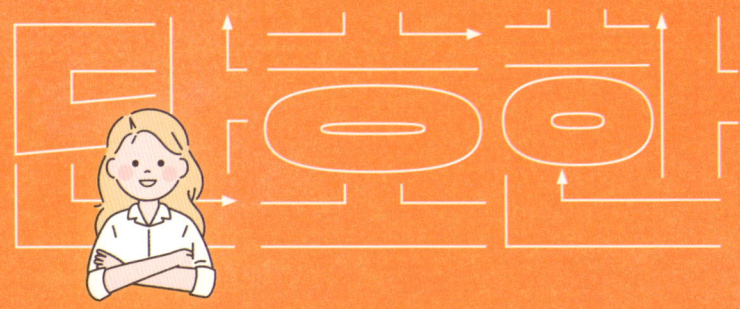

1장

**공감과 훈육 사이,
부모는 어디에
있어야 하나요?**

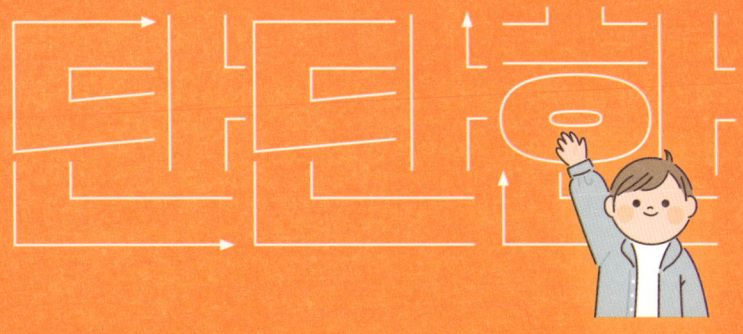

01

자존감 육아,
훈육의 공백

"아이 기죽일까 봐 훈육을 못하겠어요. 자존감이 낮아지면 어쩌죠?"

부모 교육을 하다 보면 이런 고민을 털어놓는 부모님을 많이 만납니다. 아이에게 상처 줄까 봐, 좌절하게 할까 봐, 아이가 하고 싶은 대로 놔두고 기다려 주는 것이 '좋은 부모'라고 생각하는 분들도 의외로 많습니다. 그런데 정작 이렇게 키웠더니 아이는 자존감이 높아지기는커녕 점점 무기력해지고, 사회성이 떨어져 밖으로 나가지 않고 스마트폰만 붙잡고 있게 되었습니다. 그 모습을 보면서 부모는 막막해집니다. 덜컥 겁이 난 부모는 자책을 하기도 하죠.

'내가 뭘 잘못한 걸까?'

'내 아이, 뭐가 잘못된 걸까?'

자존감에 대한 오해가
훈육을 망설이게 한다

부모가 훈육을 제대로 하지 못하는 이유는 결론적으로, 자존감에 대한 오해에서 비롯되었습니다. 훈육이 자존감을 낮추는 것이라는 오해입니다. 그런데 이 자존감은 '효능감'과 '조절감'의 조화로 이루어진다는 점을 기억해야 합니다. "잘한다" "넌 최고야"라는 말을 하며 효능감에만 집중한 육아를 하면 조절력을 기르지 못합니다. 조절력은 '하기 싫지만 해야 한다'와 '하고 싶지만 안 해야 한다'는 인식을 갖는 것이 핵심입니다. 여기에는 당연히 '좌절'이 동반됩니다. 그런데 부모는 좌절하면 기죽고 위축되어 자신감과 자존감이 낮아진다고 오해합니다. 하지만 아이가 이 좌절을 거치지 않으면 조절력을 기르지 못합니다. 아이가 자라면서 해야 할 일들은 대부분 좌절을 거치기 마련이지요. 아이가 하고 싶은 일을 부모가 "하면 안 된다"고 하거나 반대로 하기 싫은데 "해야 한다"고 하면 아이는 좌절합니다.

예를 들어볼까요. 기저귀를 떼는 일도, 유치원에 가는 것도 아

이에게는 좌절이죠. 학교에 가는 것도 마찬가지입니다. 아이의 본능은 거부하라고 외칩니다.

"기저귀 떼기 싫어."

"유치원 가기 싫어. 더 자고 싶어."

아이의 이런 태도에 부모가 '아직 준비가 안 됐나 보다. 언젠가 스스로 하겠지' '억지로 시키면 좌절할 텐데…그러면 기가 죽고 행복하지 않을 거야. 기다려주자' 하며 계속 미루고 그 좌절을 피하게 해주면 어떤 일이 벌어질까요? 점점 시간은 흘러가고, 아이는 '좌절을 극복할 때'를 놓칩니다. 부모가 "해야 해"라는 단호한 한마디를 하지 못하면 아이는 이렇게 학습합니다.

'내가 하기 싫으면 안 해도 된다.'

'내가 하고 싶은 대로 해도 된다.'

결국, 아이는 자기 마음대로 해도 된다는 잘못된 신념을 갖게 되지요. 하지만 세상은 이런 아이를 받아주지 않습니다. 그러면 아이는 더 큰 좌절에 빠지고, 이겨내지 못하게 됩니다. 유아기에 적절하게 경험했어야 할 좌절을 회피한 채 초등학교에 가고, 사춘기에 접어들면 부모도 아이도 서로를 붙잡고 헤매게 됩니다. 부모는 "이제 와서 어떻게 해야 할지 모르겠다" 하고, 아이 역시 "내가 뭘 해야 할지 모르겠다"며 문을 닫고 숨어버립니다. 부모와 아이가 '분리'되지 못한 채 집이라는 동굴에 함께 갇혀버리는 것이지요.

아이의 조절력은
저절로 길러지지 않는다

좌절은 아이의 조절력을 길러주고, 자존감이 높은 사람으로 성장시킵니다. 이 과정이 바로 '훈육'이며, 아이는 이를 통해 '하기 싫어도 해야 하는구나' '하고 싶지만 하면 안 되는구나' 하는 조절력을 배웁니다.

예를 들어 식사를 해야 하는데 아이가 밥을 먹지 않겠다고 합니다. 그러다 오후 서너 시가 되어 아이가 배고프다고 하면, "아까 먹었어야지!" 하고 혼내면서도 결국 아이가 원하는 대로 해줍니다. 아이의 욕구를 충족시켜 주는 것이 자존감을 살리는 길이라고 믿은 것입니다. 결국 엄마는 아이가 원하는 대로 음식을 주고, 이렇게 위로를 하지요.

'아이의 욕구를 공감해 주고 자존감을 지켜준 거야.'

하지만 그건 아이에게 '네 욕구대로 해도 돼'를 가르쳐 준 것이나 마찬가지입니다. 아이는 '내가 먹고 싶지 않을 때는 안 먹어도 되고, 내가 원할 때 언제든 먹으면 된다'라고 배우니까요. 부모가 아이를 이끌어야 할 시기에 아이의 욕구에 끌려가면 안 됩니다. 그때 필요한 것이 훈육입니다.

"지금은 먹을 수 없어"라고 말하는 것이죠.

아이가 징징거리고 떼를 부려도 부모는 '아무 때나 먹는 게 아니라 식사 때에 맞춰 먹어야 한다'는 것을 알려주어야 합니다. 아이로서는 좌절이겠지만 적절한 훈육으로 이 좌절을 경험해야 아이는 '식사 때'를 배웁니다. 아이의 조절력은 저절로 길러지지 않습니다. 적절한 훈육을 통해 기를 수 있습니다.

'내가 원할 때 하고, 하기 싫으면 안 해도 된다'는 경험이 쌓이면, 아이는 욕구를 조절하지 못합니다. 세상은 부모처럼 아이의 욕구를 다 받아주지 않으니까요. 아이는 자신이 속한 조직에서 또래와 부딪히며 더 큰 좌절에 빠집니다.

'부모님은 다 받아줬는데, 친구들은 왜 안 받아주지?'

'선생님은 내가 하기 싫은데도 왜 하라고 시키지?'

이렇게 혼란스러워하며 마음을 닫아갑니다. 사회화가 이뤄지지 못하는 것이죠. 부모가 언제나 들어주던 것들을 다른 사람은 들어주지 않으니 아이는 또래 관계나 사회성에서 좌절을 경험

합니다. 하지만 이때에도 극복하려고 노력하기보다 자신을 이해해 주고, 말하면 들어주는 엄마에게로 돌아옵니다. 그리고 자기 마음대로 다룰 수 있는 스마트폰과 더 가까워집니다. 친구들과 어울리기 힘들어지면 문을 닫고 방 안에 틀어박혀 스마트폰을 붙잡고 시간을 보내게 되는 것이죠.

아이는 집 밖으로 나가야 하는데도 결국 엄마만 찾고, 집이라는 안전한 공간 안에서만 머물기를 선택합니다. '조절감'을 기르지 못한 아이, '자존감 육아' 이후에 남겨진, '훈육의 공백'이 낳은 결과입니다. 훈육은 아이를 기죽이는 것이 아닙니다. 아이가 세상 속에서 자신을 조절하며 설 수 있고, 살아가도록 준비시켜 주는 것입니다. 부모의 공감과 훈육이 균형을 이룰 때 아이는 더 건강하게 성장합니다.

훈육 없는 공감은
아이를 더 불안하게 만든다

많은 부모님이 아이의 자존감을 지켜주려면 기다려야 한다고 생각합니다. 하지만 기다림과 방치는 구분되어야 합니다. 훈육 없는 기다림은 방치이고, 방치된 아이는 배울 기회를 놓치고, 점점 더 세상이 두려워져 숨게 되니까요. 훈육이란 아이의 기를 죽이는 것이 아닙니다. 훈육은 아이의 감정을 존중하면서도 행동에는 경계를 세워주는 것입니다. 아이가 좌절할까 봐, 기죽을까 봐 훈육하지 않는 건 아이를 더 크게 무너뜨립니다. 아이는 작은 좌절을 통해 더 단단해지고, 세상과 만날 준비를 합니다. 훈육이 필요한 순간, 그때그때 단호하게 말해주세요.

"지금은 유치원에 가야 해."

"밥은 제시간에 먹어야 해."

아이는 그 말에 울고 저항하지만, 부모가 안전하게 지켜주며 그 좌절을 이겨내도록 도우면 아이의 조절력이 길러집니다.

훈육 없는 공감은 아이를 불안하게 만들고, 공감 없는 훈육은 아이를 주눅 들게 만듭니다. 둘은 반드시 함께 가야 합니다. 그래야 아이는 부모의 울타리 안에서 적절히 좌절하며, 세상과 만날 힘을 기릅니다. 부모가 단호하게 아이를 이끌어 주어야 하는 이유가 바로 여기에 있습니다.

"하고 싶지 않아도 해야 해."
"하고 싶어도 하면 안 돼."
"지금 해야 할 일이야."

경계와 지침을 주는 단호한 말이 아이에게 안도감과 안전감을 느끼게
합니다. 또 자신을 이끌어가는 연습을 하게 합니다. 작은 좌절을 통해
더 단단해진 아이는 부모의 손을 놓고 세상으로 나아갈 준비를 합니다.
경계와 지침을 주는 단호한 말, 이것이 바로 '아이의 자존감을 높이는
훈육법'입니다.

02

칭찬만큼 중요한
단호함

"치카도 잘하네."

"인사도 잘하네."

"어이구, 그렇게 재밌게 놀았어?"

아이가 무엇을 하든 "하는 짓이 다 이쁘잖아요"라며 칭찬해 주는 부모, 칭찬하는 것만으로는 부족해서 아이가 무언가를 요구하면 대부분 들어주는 부모도 있습니다. "아이가 뭘 알겠어요. 이 시기에는 다 자기편이라고 느끼게 해야 건강한 자아가 형성된다고 하잖아요. 긍정적이고 정서 지수 높은 아이로 키우고 싶어요"라는 육아관이 그 이유입니다.

그런데 문제는 아이가 원하는 대로 안 될 때 발생합니다. 사실 육아하면서 아이가 원하는 대로 해주면 안 되는 수많은 상황이 발생합니다. 그럴 때 훈육이 필요한데, 칭찬만 받은 아이는 훈육을 받아들이지 못합니다. 부모의 과도한 칭찬이 아이에게 '내가 원하면 다 이루어져' '내가 하는 건 다 괜찮은 거야'라는 패턴을 형성시켰기 때문입니다.

단호함은 칭찬의 반대말이 아니다

아이가 칭찬을 많이 받는 것 자체는 나쁘지 않습니다. 문제는 칭찬에만 익숙한 아이는 막상 훈육을 해도 이를 받아들이지 못하거나 받아들이지 않는다는 것입니다.

심지어 간단한 지시도 듣지 않습니다. 하지 않아도 자신에게 불이익이 생기지 않는다는 걸 이미 알고 있기 때문입니다. '내가 안 해도 어차피 해줄 거야'라는 믿음도 확고하죠. 그러니 훈육의 말을 받아들이지 않습니다.

'내가 원하면 다 이루어져. 내가 하는 건 다 칭찬받을 일이야.'

이런 유아독존적인 사고에 빠진 아이는 책임감이나 자립심도 자라지 않습니다. 이런 아이로 키우지 않으려면 부모의 '단호함'이 필요합니다. 단호함은 칭찬의 반대말이 아니라, 부모가 아이에게 주는 사랑의 또 다른 이름입니다.

부모의 단호함이
아이를 단단하게 키운다

"이제 엄마한테 줘."

아이와 (스마트폰, 게임기 등의 사용 시) 약속한 시간이 되었다면 아이가 아무리 보채고 떼를 써도 단호하게 말해야 합니다. "그렇게 재밌어요?"라는 말은 생략하고, "이제 그만할 시간이야"라고 단호하게 말해야죠.

아이가 자발적으로 주지 않는다면 부모는 아이의 손에서 그것을 가져와야 합니다. 처음에는 저항하더라도 부모의 말과 행동이 단호하면 아이는 마음속으로 '약속은 지켜야 하는구나' '더 하고 싶지만 안되는구나'라는 신념을 다시 정립합니다.

아이가 자신의 마음대로 되지 않는 현실을 받아들일 때 단단해집니다. 단단해진다는 것은 '하고 싶어도 안 할 수 있는 참을성'이 자라는 것입니다.

다른 예를 볼까요? 아이가 세탁할 옷을 방바닥에 던져 놓는 습관이 있습니다. 엄마는 세탁물을 집으며 말했죠.

"이런 습관, 나쁜 거랬지! 세탁실에 가져다 놓으라니까. 맨날 엄마가 치워주어야 해? 이번만이야. 다음에는 네가 가져다 놔야 해 알았지?"

엄마의 목소리가 친절합니다. 아이에게 '싫은 말'을 하며 상처를 주고 싶지 않으니까요. 칭찬만 하던 부모는 아이에게 단호하게 말해야 할 순간에도 혼란스럽습니다. 그동안 칭찬으로 쌓아온 공든 탑이 무너질까 조심스럽기도 하지요. 이제 그 신념을 바꾸어야 해요. 단호함은 아이를 혼내는 것도 아니고, 상처를 주는 것은 더더욱 아니에요. 아이의 습관을 제대로 들이기 위해서는 칭찬만큼이나 단호한 말도 필요합니다. 아이를 긍정과 칭찬으로 키우면서도 단단하게 성장시키고 싶다면 아래 3단계를 실천해 보세요.

단호한 사랑으로 키우는 3단계

1단계. 긍정적이고 부드럽게 말하세요.

→ "세탁실에 가져다 놔줘."

2단계. 그럼에도 아이가 실천하지 않는다면 단호하게 말하세요.

→ "세탁실에 가져다 놔야 해."

3단계. 실천할 때까지 기다려 주세요.

→ 단호한 말을 건넸다면, 아이가 행동으로 실천할 때까지 기다려야 합니다. 만약, 부모의 성격상 어질러진 것을 견디지 못한다면 2~3일 아이 방에 들어가지 않는 것이 좋습니다. 어질러진 상황을 안 보는 것이죠.

'아직 어린데, 내가 해주고 말지'라는 생각이 들기도 하겠지만 참아야 해요.

'또 말하면 잔소리가 되겠지.'

'또 시켰다가 안 하면 내가 또 실망할 텐데….'

'어차피 안 할 거야. 그동안 몇 번을 말해도 안 했잖아.'

이런 생각들이 머릿속에 맴돌면 부모는 단호한 말을 건네고도 겁을 먹습니다. 그러면 결국 "그냥 내가 해버리자" 하고 마는 것이지요. 왜 단호한 말을 하는지 잊지 마세요. '해야 할 일이니까' '좋은 습관이 행복한 인생을 만들잖아'라는 확실한 이유를 떠올리며 단호함을 유지해야 합니다. 습관이 될 때까지 훈련은 필수입니다.

· 부모의 훈련: 답답해도 참으며 대신해 주지 않고 기다려주는 연습
· 아이의 훈련: 하기 싫어도 참고 해내는 연습

그리고 아이가 마침내 행동을 실천했을 때는 칭찬해 주어 그 행동을 강화해 주세요. 만약 아이가 끝내 하지 않는다면 그럴 때는 반복합니다. 훈련은 '반복'이 핵심이니까요. 반복을 잔소리로 여기지 마세요. 아이가 또 듣지 않더라도, 부모는 다시 반복해서 이야기해야 합니다. 어정쩡하게 머뭇거리지 말고, 확신을 가지고 훈육해야 합니다. 단호함과 기다림, 그리고 반복이 아이의 자율성과 책임감을 길러줍니다.

칭찬과 단호함의 본질은 같다

칭찬과 단호함의 본질은 모두 부모의 '사랑'이에요. 칭찬만큼, 때로는 그보다 더 중요한 것이 부모의 '단호함'입니다. 칭찬만 있고, 단호함이 없는 육아를 한다면 두 기둥 중 한 기둥만 세워주는 것이고, 두 날개 중 한 날개만 키워주는 것입니다. 그러면 아이는 제대로 설 수 없고, 꿈의 날개를 맘껏 펼칠 수도 없게 됩니다. 부모가 반쪽짜리 사랑만 주었기 때문이에요. 사랑한다면 칭찬해 주세요. 그리고 사랑한다면 반드시 훈육해야 합니다.

육아를 어렵게 만드는
감정적 태도

아이가 아이스크림을 먹고 싶다고 합니다. 엄마는 좀 전에 아이가 장난감 정리도 안 해서 화가 난 상태입니다. 엄마는 아이에게 말했습니다.

"말도 안 들으면서 무슨 아이스크림이야! 어림도 없어. 그리고 아까 한 개 먹었잖아."

그런데 어느 날 엄마가 기분이 좋은 날에는 "그래? 아이스크림 또 먹고 싶어? 아까 먹었잖아. 음…한 개만이야" 하면서 아이스크림을 건넨다면 아이 입장에서는 어떻게 해석이 될까요? '엄마 기분이 좋을 때는 아이스크림을 더 먹을 수 있고, 기분이 별로일 때는 안 되는 거네?'라고 받아들이게 될 겁니다.

이러한 혼란은 아이스크림에만 국한되지 않습니다. 여러 가지 고집을 부리는 상황, 장난감이나 물건을 사달라고 요구하는 일 등 다양한 영역에서 반복되며 아이를 헷갈리게 합니다. 부모의 기분에 따른 육아가 반복되면 갈수록 아이를 통제하기 어렵게 됩니다.

감정 육아는 눈치만 보는 아이를 만든다

부모의 감정이 육아의 원칙이 된다면 아이는 기준을 잡기 어렵습니다. 부모의 기분이 좋을 때는 요구를 수용하고, 기분이 안 좋을 때는 무섭게 다그친다면 아이는 '기준'을 배우지 못하고 '눈치'만 늘어가는 눈치꾸러기가 됩니다. 육아에서 '일관성'이 강조되는 이유입니다. 부모의 일관성은 아이에게 정서적 안정감을 주고, 행동 패턴을 익히게 하는 '좋은 반복'이지요.

그런데 아이의 같은 요청과 행동에 어떤 날은 들어주고, 어떤 날은 거절하고, 어떤 날은 받아주고, 어떤 때는 다그치는 일관성 없는 육아는 현실에서 꽤 자주 발생합니다.

일관성이 무너지는 가장 큰 이유는 뭘까요? 바로 부모의 감정입니다. 부모가 감정에 휘둘려 육아를 하면 일관성이 무너지는 건 물론이고, 육아는 점점 더 어려워집니다. 아이 입장에서는 마음의 혼란을 겪게 되고, 올바른 기준과 가치를 배우지 못하게 됩니다. 또 올바른 가치가 행동의 기준이 되어야 하는데 부모의 눈치만 보다가 점점 바람직하지 않은 행동이 고착화됩니다. 일부러 그러는 게 아니라 배우지 못해서입니다. 아이는 배워야 할 가치는 배우지 못하고, '부모의 기분이 좋으면 뭐든 들어주고, 기분이 나쁘면 이유 없이 혼난다'는 눈치만 늘게 되죠.

결국 부모가 감정적인 육아를 하면 아이는 제대로 자라지 못합니다. 부모로서는 가르쳐야 하고 알려주어야 하는 이유가 있어서' 훈육한 건데, 아이는 이유 없이 혼났다고 생각하니 얻는 것 없이 잃는 것만 많은 육아가 됩니다.

참다가 욱하면 결국, 감정에 휘둘린다

부모 감정에 따라 이랬다저랬다 하는 것을 감정적인 육아라고 하는데, 참다가 욱하는 것도 감정적인 육아라고 할 수 있습니다.

예를 들어볼까요? 식사 자리에서 아이가 식탁의 티슈를 계속 뽑고 있습니다. 부모는 "하지 마. 그러면 안 되는 거야"라고 조용히 이야기했지요. 그런데 아이가 부모 말에 아랑곳 않고 계속 반복하니까 "너, 그만하라고 했다!" 하고 목소리를 높입니다. 그래도 멈추지 않으니 "야, 너 밥 먹지 마!"하며 아이의 손등을 탁, 쳤지요.

부모 딴에는 좋게 말했고, 반복해서 또 말했는데 아이가 안 듣자 손등을 치며 목소리를 높인 것이지만, 아이는 자신의 바람직하지 않은 행동은 깨닫지 못하고, 부모의 화난 감정만 기억합니다. 부모는 훈육했다고 여기지만 아이는 그저 엄마의 감정이 폭발했다고 받아들이는 거죠. 참다가 폭발해서 감정적으로 하는 훈육은 아이에게 의미가 없습니다. 참다가 욱하지 말고 처음부터 제대로 가르쳐 주어야 아이가 배울 수 있습니다.

감정적으로 혼내는 것은 화풀이고, 남는 건 죄책감입니다. 참다가, 봐주다가 말하면 높은 확률로 감정적이게 됩니다. 억누르면 폭발하기 마련이죠. 감정적이 되지 않으려면 어떻게 해야 할까요?

먼저, 즉시 아이에게 눈을 맞추고 이야기하세요. 아이가 티슈를 뽑는다면 "뽑지 마" 하며 그 티슈를 치우는 것이 좋습니다. 행동을 멈추게 해야 아이는 다음 말에 집중합니다.

그다음 아이에게 "왜 티슈를 계속 뽑은 거야?"라고 물어보세요. 어떤 행동이든 이유가 있었을 테니까요. 아이가 "국물 닦으려고 그랬어"라고 대답하면 "그럼 필요한 만큼만 뽑자. 네가 뽑을래? 엄마가 뽑아줄까?" 하고 지도해 줍니다.

만약 아이가 단순히 "재밌어서"라고 한다면, "티슈는 재밌다고 뽑는 게 아니라 꼭 필요할 때 사용하는 거야"라고 알려주세요. 여기서 핵심은 아이가 "재밌어서 그랬어"라고 대답해도 "아무리 재밌어도 티슈를 계속 뽑으면 돼? 그거 낭비지?" 하며 목소리 높여 혼낸다면 그 또한 감정적인 반응입니다. 부모님이 물어봐서 정직하게 대답했을 때 혼난다면 아이는 앞으로 부모의 질문에 입을 다물겠지요. 가르칠 때는 가르쳐 주는 것으로 그쳐야 합니다. 침착하게 알려주세요.

"재밌어도 안 돼. 티슈는 장난감이 아니야. 음식을 흘렸거나 필요할 때 사용하는 거야."

이렇게 감정에 휘둘리지 않는 육아를 해야 아이도 바람직한 행동을 하나하나 배워나갈 수 있습니다.

막연하게 말하면 아이가 못 알아듣는다

그저 "그만하라고 했다" 식의 감정 섞인 반복의 말은 의미가 없습니다. 이런 반복은 무의미한 반복입니다. 왜 안 되는지를 알려주어야 아이도 받아들입니다. 그렇지 않으면 앞으로도 결국 또 "그만하라고 했다" "너 혼난다"를 반복하다가 감정이 폭발하게 됩니다.

아이의 재미를 위해서 티슈 한 통은 괜찮다고 생각할 수도 있습니다. 재밌게 티슈 뽑기 놀이를 하고, 뽑은 티슈는 다시 넣어서 사용하면 되니까요. 하지만 그것은 지나친 허용입니다. 장난감을 가지고 노는 것과 휴지를 가지고 놀이하는 것은 구분시킬 행동이니까요. '그래봤자 티슈 한 통'이 아니라 아이는 어떤 행동을 해도 엄마는 다 받아준다고 오해하게 됩니다. 만약에 티슈 뽑는 걸 놀이로 허용 받은 아이가 식사 자리에서 티슈를 뽑을 때 "야, 그렇게 하면 안 돼!"라며 혼난다면 어떨까요. 아이는 혼란스러울 것입니다. 때와 상황에 따라 융통성이 있어야 하지만, 아직 배워야 할 기준이 많은 어린아이에게는 융통성보다 일관성으로 가르쳐야 혼란을 줄일 수 있습니다.

같은 행동에 대해 감정에 따라 부모의 태도가 바뀌면, 아이는 무엇이 옳고 그른지를 배우지 못합니다. 그러면 아이는 계속 무분별한 행동을 해서 부모를 지치게 하고 화가 치밀게도 하지요. 육아가 점점 더 어려워질 겁니다. 기분과 감정에 휘둘리지 않는 육아야말로 행복한 육아, 지혜로운 육아의 출발점입니다.

"재밌어도, 티슈 가지고 장난하면 안 돼. 필요한 만큼만 뽑자."

육아는 부모의 기분이 아니라, 기준과 원칙에 따라 해야 합니다. 기분에 따른 육아는 아이에게 혼란을 줄 뿐이며, 올바른 가치관 형성에 전혀 도움이 되지 않습니다.

04

착한 부모 강박이 만들어 내는 유약한 아이

"착한 엄마가 되고 싶어."

"딸 바보 아빠가 되고 싶어."

좋은 부모가 되고자 하는 바람은 누구에게나 있습니다. 그러나 '착한 엄마' '딸 바보 아빠'라는 의미를 잘못 해석한다면 육아의 명확한 기준과 지침이 사라지고, 경계를 정하지 못한 채 아이를 대하게 됩니다.

지침과 경계 없는 육아를 한다면 아이는 어떻게 자랄까요? 작은 말에도 쉽게 상처받고, 조금의 싫은 소리도 견디지 못하는 아이가 됩니다. 마땅히 할 일을 요구하거나 지시하는 말도 받아들이지 못하고, 어려운 문제를 마주했을 때 스스로 해결할 힘조차 없는 아이가 될 것입니다. 반드시 해야 할 일에 대한 명확한 지침과 경계를 모르는 아이는 자립심도 조절력도 낮을 수밖에 없습니다.

아이들은 대체로 해야 할 일이 있을 때 하기 싫어합니다. 하고 싶은 대로만 하려는 욕구적 존재이기 때문이지요. 이 욕구를 견뎌야 아이가 성장합니다. 거절도 경험하고, 난관에도 부딪히는 경험 또한 '해야 할 일을 해내는 과정'에서 흔히 겪게 되는 일입니다. 문제는 하기 싫어도 아이가 해야 반드시 해야 하는 일에 대해 부모가 이렇게 대하는 경우에 발생합니다.

"우리 ○○, 침대 정리가 하기 싫구나."

"엄마가 해주면 좋겠어?"

이렇게 한다면 앞으로 부모가 아이 대신해 주어야 할 일들이 늘어갑니다. 착한 엄마가 되고 싶다는 간절한 소망이 무능한 아이, 유약한 아이로 만드는 것이죠. '착한 엄마'라는 말을 잘못 해석해서 생긴 문제입니다.

이제는 기준을 다시 정립해야 합니다. 아이가 해야 할 일을 회피하게 만드는 '착한 엄마 강박'에서 벗어나, 아이가 스스로 하도록 이끌어야 해요. 아이가 하기 싫어하더라도, 결국은 그것을 해내도록 돕는 부모가 아이를 강한 사람으로 성장시킬 수 있습니다.

아이가 상처받을까
두려워하지 말 것

'이 말을 하면 아이가 상처받겠지?'

'이렇게 말하면 아이가 나를 싫어하겠지?'

착한 엄마 강박을 만들어 내는 이런 오해로부터 놓여나야 합니다. 아이는 제대로 된 훈육의 말에 상처받지 않아요. 다만 마음대로 하고 싶고, 할 일을 하기 싫을 뿐이에요. 그래서 "엄마, 미워"라고 하는 거예요. 그럴 때 부모가 "그래도 해야 해"라고 말해야 합니다. 그때는 아이를 위해서, 아이가 성장하는 데 반드시 필요한 말이라서 했음을 잊으면 안 됩니다. 아이가 그 말을 기꺼이 받아들이지 않는다고 해도 아이가 상처받을까 봐 두려워하지 말고 말해야 합니다.

사탕은 좋아하고 약은 쓰다고 거부하는 아이에게 약이 필요한 상황인데 사탕만 주는 부모는 없을 거예요. 착한 엄마가 되고 싶어서 아이에게 끌려가다 "네가 자꾸 그러면 엄마가 가슴 아파"라는 식으로 말하거나 "내가 도대체 어떻게 해야 하는 거니?"라고 말하며 화를 내면 아이는 상처받죠.

"너는 꼭 엄마가 잔소리하게 만드니? 엄마도 잔소리하고 싶지 않아. 한 번 말해서 들으면 좀 좋아. 빨리 침대 정리하지 못해!"

이런 푸념의 말도 마찬가지예요.

만약 아이가 한 번 말했는데 안 하면 어떻게 해야 할까요? 다시 말하자니 잔소리로 받아들일까 걱정돼서 엄마가 침대 정리를 해준다면 아이는 앞으로도 자신이 할 일을 하지 않을 겁니다. 손 하나 까딱하지 않아도 해주는 엄마가 있으니까요. 그러면 엄마는 또 잔소리할 상황이 생겨요. 잔소리가 아니라 꼭 해야 할 말이라는 마음으로 핵심 정리하듯 말해주세요.

"침대 정리하자."

그리고 침대 정리하는 것을 지켜볼 필요도 있습니다. 이런 눈빛을 건네면서 말이죠.

'스스로 해야 할 일은 해야 해. 엄마는 너를 그렇게 키워야 해.'

1인분을 해내는 아이는 이렇게 키워진다

착한 엄마가 되고 싶다는 마음으로, 아이에게 싫은 말을 하지 않고, 거절도 안 하고 키우다 보면 어떤 결과가 생길까요?

1. 스스로 할 일을 못하는, 일상에서 무능한 아이

각각의 발달 단계에서는 아이가 해야 할 일을 스스로 해보는 것이 중요합니다. 착한 엄마가 되고 싶은 엄마는 "잘 안되지? 속상했구나"라고 공감해 준 뒤에 "엄마가 해주면 좋겠어?" 하며 아이가 해야 할 일을 대신해 줍니다. 착한 엄마 강박이 무의식적으로 작동해서입니다.

'아직 어리니까 이 정도는 내가 해줘야지.'

'어차피 아이가 하는 것보다 내가 하는 것이 낫잖아.'

부모의 이런 태도는 결국 아이를 마땅히 해야 할 일을 못해내는 유약한 아이를 만듭니다.

아이가 "싫어", "못 하겠어"라고 할 때 "그래, 안 해도 돼" 하고 받아들이는 순간, 그것은 공감도 아니고 아이의 마음을 읽어주는 것도 아닙니다. 오히려 아이를 무능하게 만들고 스스로 아무것도 하지 못하는 사람으로 만드는 것입니다. 결과적으로 그런 부모는 '착한 부모'가 아닙니다. 아이를 잘못된 방향으로 이끌고 가는 부모입니다.

2. 감정 처리 못하는 정서적으로 유약한 아이

해내는 연습과 경험이 부족한 아이로 키우는 착한 엄마의 아이는 조금만 어려운 상황에도 상처를 쉽게 받고, 감정이 무너져 내립니다.

'하기 싫은데 나한테 하라고 하다니! 저 사람 진짜 싫어!'

'못하는데도 나한테 자꾸 하라고 하네. 나를 미워하나?'

이렇게 마땅히 할 일을 하라고 하는 건데 아이는 자신을 괴롭힌다고 생각하죠. 할 생각은 안 하고, 원망과 거부감이라는 부정적 정서만 높아집니다.

착한 엄마 강박이 만들어 낸 유약한 아이를 반기는 또래는 없습니다. 교실에서도, 사회에서도 아이를 기다려 주거나 가르치며 이끌어 주지 않죠. 그렇다면 어떻게 하면 해야 할 일을 해내는 아이로 키울 수 있을까요? 아이가 자기 몫의 삶을 살아갈 수 있도록 부모는 이렇게 말해줘야 합니다.

"해보자. 해야 해. 안 되면 어떤 부분이 힘든지 말해줘."

"해보다가 안 되면 도와달라고 해. 엄마가 도와줄 수는 있어."

"엄마 아빠가 도와줄 수는 있지만, 너를 대신 해주는 사람은 아니야."

아이가 그동안 해보지 않았던 일에 대해 부담을 느끼고, 선뜻 하지 못한다면, "할 수 있어! 너는 벌써 8살이잖아"라고 말하는 것은 오히려 부담이 될 수 있습니다. 이럴 때는 충격을 완화하면서 아이가 해낼 수 있도록 도와야 합니다. "그래, 못할 수도 있지만 한번 해보자"라고 말하고 아이가 막막하다고 느끼지 않도록, 해보다 안 될 때 도움을 받을 수 있다는 점도 미리 알려주세요. 이렇듯 아이가 결국은 '스스로 해낼 수 있도록' 유도하는 것이 중요합니다. 하지만 잊지 마세요. 이렇게 말하다가 마지막까지 참지 못하고 "알았어, 엄마가 해줄게"라고 말하는 순간, 그동안의 노력이 물거품이 되어버립니다. 일상에서의 연습과 경험이 아이를 강하게 만들고, 정서적으로도 단단해지게 합니다.

아이는 앞으로 해야 할 일이 많습니다. 하기 싫어도 꼭 해야 하는 일들이 아이의 인생 곳곳에 자리합니다. 공부, 방 정리, 숙제, 학원 가기, 친구들과의 관계 속에서 양보하고 배려하는 이 모든 것은 아이로서는 하고 싶지 않은 일입니다. 그러나 아이의 사회성, 정서, 책임감과도 연결된 아주 중요한 일들이죠. 아이의 하기 싫은 몸짓과 태도에 흔들리지 마세요. 상처받는다고 지레짐작하며 겁먹지도 마세요. 부모는 아이가 스스로 1인분의 역할을 해내도록 도와주고 이끌어야 합니다.

아이가 원하는 좋은 부모는 자신을 유약하게 만드는 착한 부모가 아니라, 자신을 바르게 이끌어 주는 강한 부모입니다.

"못할 수도 있지만, 한번 해보자."
"해보다 안 되면 엄마, 아빠에게 도움을 요청하렴."

아이가 못할 수도 있다는 점을 언급해 부담을 줄이고, 언제든 도와줄 사람이 있다는 점을 강조해 안정감을 더해주세요.

05

안 하고 싶은 일을
하도록 만들려면

"밥 먹었으니까 식사 후에는 양치해야지!"

그럴 때 아이가 "네, 엄마 알겠어요" 하면서 즐겁게 양치를 한다면 얼마나 좋을까요. 하지만 그런 아이는 거의 없습니다. 자신이 분명히 해야 할 일인데 아이들은 귀찮아하고, 어떤 핑계를 대면서라도 안 하려고 버팁니다. 하지만 부모의 목표는 '양치하도록 해야 한다!'로 분명합니다.

목표는 이렇게 하나지만 접근하는 방법은 다양하고 그에 따라 결과는 다르게 나타납니다. 아이가 안 하고 싶은 일을 하도록 하는 방법은 무엇일까요? 현실 육아에서 많이 볼 수 있는 다음 세 가지 방법을 살펴보면서 모순점과 아울러 현답을 찾아봅시다.

첫 번째 방법으로 아이 마음을 읽어주고 공감하며 말하는 것입니다.

"양치하기 싫구나."

"양치하고 싶지 않은데 양치하라고 해서 속상했겠다."

그런데 이렇게 말하면서 부모의 마음 한편이 께름칙합니다. 양치처럼 반드시 해야 할 일에 공감하며 말하기는 적절하지 않은 것 같아서죠. 아이 마음만 알아준다고 아이가 안 하고 싶은 일을 과연 할까요?

두 번째 방법은 열린 질문으로 아이의 의견을 묻는 것입니다.

"양치하기 싫구나. 그러면 어떻게 하면 좋을까? 너는 어떻게 생각해?"

부모는 이렇게 말하면서 뭔가 맞지 않는 느낌이 듭니다. 꼭 해야 할 일에 열린 질문으로 아이의 의견을 물을 일이 아닌 것 같아서죠.

세 번째 방법은 아이의 마음을 비난하며 명령하는 것입니다.

"싫긴 뭐가 싫어! 양치는 알아서 해야지. 네가 아기야? 언제 알아서 한 적 있어?"

이렇게 말하면서 부모는 후회합니다. 아이가 양치하기 싫은 마음은 비난받을 일은 아닌데 그저 혼내고 비난한 것 같아서죠. 아이와 부모의 기분만 나빠지는 결과에 부모는 실망합니다.

위의 세 방법은 아이가 하기 싫어하는 일을 해내도록 하기에는 적절하지 않은 것이 분명해요. 그렇다면 꼭 해야 하는 일임에도 안 하려고 하는 아이에게 부모는 어떻게 하면 좋을까요?

필요를 알려주고,
하는 방법을 알려주기

아이에게 그 행동을 하도록 구체적으로 알려주세요. 아이가 '해야 할 필요'를 뻔히 알고 있으면서 안 한다고 생각하지 말고 구체적으로 필요성을 알려주어야 합니다.

예를 들어 양치의 경우, 부모는 아이가 양치의 필요성을 다 알고 있다고 생각하지만 그렇지 않아요. 아이는 안 하고 싶은 마음만 가득하지요. 절실하지 않으면 필요를 못 느낍니다. 어른도 그런 경우가 많아요. 운동을 하고, 음식을 가려먹어야 건강에 좋은 것을 알지만, 매일 그 필요를 절실히 느끼지는 못하죠. 그러다 어느 날 건강 등의 이유가 분명해지면 필요를 느낍니다. 평소에 시간 없고, 귀찮고, 번거롭지만 필요를 확실히 느끼면 비로소 행동으로 옮기게 됩니다.

하물며 아이의 경우는 어떨까요. 아이는 식사 후에 양치하는 것에 대해 그렇게 절실한 필요를 못 느낍니다. "양치 안 하면 이 썩어. 치과 가야 해"라고 한다면 마치 "운동 안 하면 건강하지 못할 거야. 운동해야 해"처럼 크게 와닿지 않는 말에 불과합니다. 부모는 아이에게 양치의 필요를 느끼게 해야 합니다. 반드시 해야 할 필요성을 알려주고, 하는 법도 가르쳐 주어야 해요. 이렇게 해주세요.

1. '왜 해야 하는지' 필요를 느끼게 해주기
2. '하는 방법'을 구체적으로 알려주며 하도록 지도하기
3. 하고 난 후의 보람과 기쁨, 성취감을 느끼게 하기

이제 아이가 양치를 안 하려고 하는 상황에 적용해 봅시다.

첫 번째, 필요성을 느끼게 해서 아이가 선택하게 합니다.

"지금 입안에 균이 많을 텐데, 안 닦고 벌레 생기게 할 거야? 닦고 개운하게 잘 거야?"

이때, 과장이나 위협적인 말은 삼가야 해요. "안 닦으면 이 썩어서 내일 치과 가야 해" 같은 말은 아이에게는 거짓말로 들릴 수 있습니다. 지금까지 치과에 가지 않았다면 마치 '양치기 소년' 우화처럼 되는 것이지요.

두 번째, 지금의 현실을 언급하며 필요를 느끼게 합니다.

"입을 손바닥에 대고 후, 불어서 냄새 맡아볼래?"

"엄마가 한번 볼게. 아, 해봐."

"아까 먹은 ○○ 냄새가 나네."

세 번째, 직접 입안을 볼 수 있게 하거나 입안을 확인하게 합니다.

"이 사이에 뭐가 껴 있는지 볼래?" 하며 눈으로 확인하게 해주세요. 물로 오물오물 가글하게 하고, 뱉었을 때 음식 잔여물이 나오는 걸 직접 보게 해주는 방법도 효과적입니다. 입안에서 나온 것을 본 아이는 '이대로 자면 안 되겠다. 양치하자'는 생각을 하게 됩니다.

그리고 연령에 따라 아이의 손을 잡고 양치를 하게 도와주거나 아이와 함께 즐겁게 양치하는 식으로 마무리해야 합니다. "이제 알았으니까 양치해" 하며 아이 혼자 화장실에 보내놓으면 아이가 칫솔을 입에 물고 있거나, 물장난하며 시간만 끌 수 있습니다. 필요를 느끼게 하고, 아이의 성향에 맞춰 즉시 '실천'으로 이어지게 해야 합니다.

공감과 훈육 사이, 부모는 어디에 있어야 하나요?

성취감, 효능감, 자존감 높이는 법

안 하고 싶지만 그걸 참고 해내면 놀라운 일이 일어납니다. 해 냈다는 성취감은 물론이고 자신에 대한 자부심이 높아지죠. '참 고 해낸 것'이라 더욱 소중한 가치가 되어 빛이 납니다.

· 성취감 - '안 하고 싶었는데, 해보니까 정말 좋네.'
· 효능감 - '나도 이런 일을 정말 잘할 수 있구나.'
· 자존감 - '해보니까 내가 아주 멋진 사람인 것을 느꼈어.'

또 아이가 양치한 후의 개운함을 느낄 수 있도록 해주는 것도 효과가 있습니다. 양치 후에 "아, 해볼까? 와, 양치하니까 향기 로운 냄새가 나네!" 하고 아이가 양치 전후의 변화를 직접 느끼 게 하면서 기분 좋은 경험으로 연결해 주는 것입니다.

정리 역시 아이가 하고 싶지는 않지만 할 수 있도록 방법을 알 려주어야 합니다. 재밌게 놀고 난 후 아이들이 자발적으로 "엄 마, 내가 정리할게!"라고 말하는 경우는 거의 없습니다. 아이들 은 대체로 정리를 싫어하죠. "뭐부터 정리할까?" 하고 아이에게 선택권을 주는 것도 좋습니다. 정리를 하기 전과 후의 차이를 사진으로 보여주는 방법도 좋아요. 습관으로 형성되기 위해서는 좋은 느낌과 성취감이 동반되어야 합니다. 어떤 방법이든 아이가 필요를 느끼게 하는 동기부여가 좋아요. 눈으로 확인할 수 있는 변화는 아이에게 하고 싶은 동기를 불어넣는 동력이 됩니다. 현관에 신발을 벗어 던진 상태를 사진으로 찍고, 다시 가지런히 놓은 상태도 사진으로 찍어 보여주면 하기 전과 하고 난 후의 차이를 시각적으로 확인할 수 있어 효과적입니다. 그리고 아이가 실천을 시도했을 때 비록 부모가 보기에는 부족한 정리일지라도, "이게 정리한 거야? 이렇게 해야지" "이건 안 했어?"라는 지적의 말이 아니라 잘한 부분을 짚으며 성취감을 느낄 수 있게 해주세요. "방이 참 예뻐졌네" "가지런해졌네" "깨끗해졌네" 이렇게 구체적으로 아이가 한 행동을 짚어주며 칭찬하는 거예요.

하기 싫은 다양한 역할
해내도록 하기

물론, 부모가 알려준다고 해서 아이가 다 하지는 않습니다. 하지만 부모는 아이가 해야 할 일이라면 반복해서 아이가 스스로 해내게 해야 합니다. 아이가 스스로 해내는 능력이 있는 아이는 우왕좌왕하는 시간이 적고, 적응력이 높아 어디서든 원하는 성과를 낼 수 있습니다. 그러려면 아이가 하고 싶지 않아도 해야만 하는 일의 범위를 정해야 합니다. 아이의 생활과 직접 관련된 양치, 정리, 공부, 숙제에서 점점 범위를 넓혀 아이가 가정에서 할 일로 확장하면 좋습니다.

예를 들어 분리수거, 설거지, 청소기 돌리기 등을 해보게 하는 것이죠. 일상에서 이런 역할을 반복하면서 아이의 적응력은 자연스럽게 높아지고, 어디에서든 주도적으로 살아가는 힘을 갖게 됩니다. 아이는 가정이라는 공동체의 일원이자 사회 구성원으로서 역할을 잘 해내야 합니다. 이 과정에서 부모가 해야 할 일은, 하기 싫은 일도 해야 한다는 것을 알려주고 '즐거운 경험'으로 이끌어주는 것입니다. 그래야 마침내 아이가 해야 할 필요를 느끼며 실천하고 습관으로 만들 수 있습니다. 그러면 역할에 대한 책임과 성취감도 느끼게 되지요.

역할에 대한 책임감과 성취감 높은 아이는 안 하고 싶은 일도 잘 해내며 스스로에게 이런 말을 합니다.

"안 하고 싶었는데, 해보니까 정말 좋네."

"나도 이런 역할을 정말 잘할 수 있구나."

"해보니까 내가 아주 멋진 사람인 것을 느꼈어."

훈육을
두려워하지 말 것

이런저런 이유로 훈육을 두려워하는 부모가 많습니다. 귀한 내 아이를 칭찬과 인정으로 키우고 싶은 부모의 바람 때문이지요. 그래서일까요. 부모는 훈육하고 나서 후회와 미안함으로 아이에게 하소연하듯 말합니다.

"그러니까 네가 말을 잘 들으면 좋잖아. 엄마도 이러고 싶지 않아."

훈육하고 나서 아이에게 지나친 사과를 하는 부모도 있습니다.

"미안해, 미안해, 엄마가 잘못했어. 미안해."

결론부터 말하면, 이 모든 것은 훈육에 대한 오해에서 비롯된

훈육 잘하는 부모 = 아이 잘 키우는 부모 = 잘 크는 아이

일입니다. 훈육은 아이에게 기준을 알려주는, 부모가 해야 할, 부모만이 제일 잘할 수 있는 일이지요. 훈육을 두려워하지 마세요. 훈육을 무섭게 여기지 마세요. 부모는 아이에게 정성을 다해 훈육해야 한다는 사실을 가슴에 새겨두면 자신감을 갖고, 흔들리지 않고 훈육을 잘 할 수 있을 거예요.

훈육을 두려워하는 세 가지 원인 제거하기

많은 부모가 훈육을 두려워하는 데는 세 가지 원인이 있습니다. 하나씩 살펴볼까요?

첫 번째 원인은 훈육을 하고 나면 가슴이 아프기 때문입니다. 훈육 후 가슴 아프고 후회되는 이유는 감정을 통제하지 못하고 아이에게 감정의 찌꺼기까지 쏟았기 때문이에요. 귀한 내 아이를 감정의 하수구로 대한 게 부모로서 두고두고 아프고 후회되는 것입니다. 이 문제는 눈과 입에서 나오는 대로 감정을 표현하지 않고 감정의 거름망을 장착해서 해결해야 합니다. 구체적인 방법은 앞으로 다뤄보도록 하겠습니다.

두 번째 원인은 내가 아이를 잘못 키우고 있다는 자책감 때문입니다. 훈육 자체를 부정적으로 생각하는 것이죠. 앞서 이야기했듯 훈육은 부모가 아이를 잘못 키워서 하는 게 아니에요. 훈육은 아이를 '잘' 키우는 일입니다. 다만 훈육은 고난도의 육아 기술을 필요로 하는데, 기술이 부족한 초보 부모로서는 실수를 할 수 있지요. 훈육에 대해 자책하지 말고 '훈육은 아이를 잘 키우는 것'이라는 믿음을 가져야 합니다. 이 믿음이 바탕이 되어야 5장에서 다룰 '효과 있는 부모의 말'을 제대로 응용할 수 있습니다.

세 번째 원인은 내 아이에게 문제가 있는 건 아닌지 걱정되기 때문입니다.

결론적으로 아이는 아무 문제가 없습니다. 아이를 훈육하는 것은 '잘못된 아이'이기 때문이 아닙니다. 훈육은 모든 아이가 아직은 미숙한 상태라는 사실을 전제로 해야 합니다. 아이는 미숙한 존재이고, 발달 단계를 거쳐 성숙한 존재로 자라납니다. 그 과정에서 실수를 반복하면서 배우고 성장합니다. 부모는 아이의 성장 과정에서 발생하는 실수를 짚어주고, 아이가 제대로 된 길을 걷도록 이끌어 주는 존재이며, 그게 훈육입니다. 대부분의 문제는 성장 과정에서 발생하는 당연한 문제이지, 아이가 문제가 아닙니다. 훈육할 때 '아이 자체'가 아니라 '아이의 행동'에 초점을 두라고 하는 이유입니다.

훈육은 아이를 지키고, 성장시키는 일입니다. 따라서 부모는 훈육해야 합니다. 훈육이 두려운 원인을 걷어내야 당당하고 정확하게 훈육을 할 수 있습니다.

두려움이 아니라
기쁜 마음으로 훈육하기

이제 훈육이 두려운 이유와 문제를 알았으니 올바른 방법으로 당당하고 근사한 훈육을 해볼까요?

훈육하고 나면 가슴이 아프다면 그렇지 않게 훈육하면 됩니다. 모진 말, 아이에게 상처 주는 말을 안 하는 거예요. 어른답게, 부모답게 말을 다듬는 것이지요. 눈빛과 표정도 다듬어야 합니다. 아이에게 함부로 말하고 눈독을 쏘면 결국 후회만 남고, 가슴이 아파요. 훈육이 가슴 아픈 게 아니라, 잘못된 훈육이라서 가슴이 아프고 후회되는 거예요.

내가 잘못 키우고 있다는 자책감에 빠질 때는 아이가 지금 미지의 세계를 탐험하는 중이라고 생각해 보세요. 그곳에는 독초도 있고, 독충도 있고, 위험한 곳도 있지요. 그런데 아무 주의 사항도 알려주지 않고 마음껏 만지고 탐색하라고 한다면 자유와 존중을 가장해서 심각한 위험에 빠뜨리는 거예요. 먹지 말아야 할 것, 만지지 말아야 할 것, 가지 않아야 할 곳에 대해 가이드가 있어야 합니다. 훈육은 아이에게 가이드라인을 주어 안전하게 성장하게 해주는 일입니다. 세상에는 원칙이 있고, 통하는 것과 통하지 않는 것이 있다는 것을 알려주는 것이지요. 훈육은 무서운 것이 아니라 아이를 건강하고 안전하게 성장하도록 기준을 알려주는 과정입니다. 미성숙한 아이가 실수하는 건 당연하므로 훈육 또한 당연한 것이고, 아이가 기준을 모르는 것도 당연하므로, 당연히 기준을 가르쳐야 합니다. 또 아이가 가치관 형성이 안 된 것도 당연하므로 가치관을 정립하도록 훈육하는 일 또한 당연합니다.

훈육을 두려워한다는 건 "우리 아이가 기죽으면 어떡하지?"라는 걱정 때문이지만, 훈육은 아이가 당당하게 기를 펴고 세상을 살아가게 키우는 것입니다. 훈육이 없다면 아이는 폭탄을 안고 가는 인생이 됩니다. 아무것도 모르니, 아무렇게나 인생을 살며 여러 위험에 처하는 거예요.

'훈육을 해도 되는 걸까?' '내가 지금 아이를 잘못 키우고 있는 건 아닐까?' 하는 두려움으로 훈육을 망설이지 마세요. 아이가 유치원이나 학교에 가기 싫어도 가야 하듯 훈육도 부모가 당연히, 그리고 반드시 해야 할 역할입니다. 아이가 잘못된 방향으로 가는데도 그냥 놔둔다면, 부모가 방임하고 방치하는 것으로 끝나는 게 아닙니다. 그 영향은 삶 전체로 번져가 아이의 삶은 외롭고 불안정해질 수밖에 없습니다. 그럼에도 훈육이 두려워질 때 주문처럼 외워 보세요.

"배고플 때 밥을 먹는 것처럼, 훈육은 필요할 때 당연히 해야 하는 일이다."

발달 단계별 훈육법

"훈육은 언제부터 시작해야 하나요?"

"3세 이전에는 훈육하면 안 된다고 들었는데 그럼 아기가 아무리 떼를 써도 훈육하면 안 되나요?"

부모 교육 강연 현장이나 상담에서 많은 부모님이 궁금해하는 질문입니다. 이 질문으로 '훈육 = 혼내는 것'이라는 훈육에 대한 잘못된 관점을 엿볼 수 있습니다. 특히 24개월 전의 아기를 둔 부모님이 많이 갖고 있는 생각이죠.

"3세 이전에도 훈육할 상황이 있지 않나요?"

"훈육을 하면 '안정 애착 형성'에 문제가 생기지 않을까요?"

위와 같은 궁금증은 훈육이 아이의 건강한 성장과 안전을 지켜주는 것이라는 정의를 다시 살펴보면, 명쾌한 답이 나옵니다. 바로 훈육은 어느 시기든 가능하다는 것입니다.

훈육을 '통제'의 개념으로 이해하면 3세 이전의 훈육은 절대 안 된다고 생각할 수 있습니다. 하지만 양육자가 일관되게 경계와 안전을 알려주는 과정으로 이해하면 훈육의 시작 시기는 엄격하게 제한되지 않습니다. 다만 3세까지는 인지 발달과 언어 발달이 이뤄지지 않았다는 것을 전제로, 애착 형성을 중심으로 안전 확보, 최소한의 감정 조절을 도와주는 것을 훈육의 의미로 이해해야 합니다. 아이의 연령과 발달에 알맞게 알려주고, 가르쳐 주는 것이 중요하지요.

영아기 훈육, 절대 안 된다?

강조하지만, 훈육은 혼내는 것이 아니라, 아이가 안전하고 건강하며 행복하게 살아가도록 규칙과 경계를 알려주는 과정입니다. 그러므로 시작 시기는 엄격히 제한되어 있지 않습니다. 훈육이 애착 형성에 문제가 되는 것이 아니라, 부모의 화내기와 기준 없는 훈육이 문제가 되는 것입니다. 자, 그럼 시기별 훈육 방법과 주의 사항을 정리해 볼게요.

생후 0~12개월- 애착 형성이 최우선

생후 1년까지의 아기는 본격적인 훈육 시기가 아닙니다. 이 시기는 옳고 그름을 구분할 인지 능력이 발달하지 않았기 때문에, 안정감과 애착 형성이 우선되어야 합니다. 이것이 기반이 되어야 이후 훈육이 가능합니다.

목표: 애착 형성, 안정감과 안전감 느끼게 하기
방법: 안아주기, 눈 맞추기, 부드러운 목소리로 대하기

이 시기는 언어 이해력이 제한적이므로 엄격한 훈육discipline이 아닌 보호care 중심의 접근이 필요합니다. 아이의 정서 안정과 부모와의 애착 형성이 우선되어야 하고, '표정과 말을 동반한' 경계 제시가 바람직합니다.
이때 주의할 점은 울음을 꾸짖거나 큰소리치며 억압적인 태도로 아이를 대하면 안 된다는 것입니다. 아이의 울음이 그치기를 기다리고, 안아줘도 계속 버틴다면 잠시 내려놓고 기다려 주세요.

12개월~24개월: 기초 훈육의 시작

아이가 걷기 시작하고 호기심이 폭발하는 시기로, 안전 규칙을 알려주는 훈육이 필요합니다.
이 시기에는 아래 세 가지를 기억해 주세요.

1. 위험한 행동 제지: 코드를 잡아당기거나 계단을 기어오를 때는 아이의 '행동'을 제지하는 동시에 "안돼"라고 말합니다.
2. 대안 행동 제시: "여기서는 이 블록으로 놀자"와 같이 안전한 선택지를 제시합니다.

3. 반복과 일관성: 훈육은 반복이 중요하며, 부모와 조부모 모두가 아이에게 동일한 규칙을 적용해야 합니다. 이런 과정을 통해 아이는 '안 되는 것은 안 되는구나'라는 개념을 서서히 이해하기 시작합니다.

3세 이후: 본격적인 훈육 시작

자기주장이 강해지고, 규칙을 시험하려는 행동을 자주 보이는 시기입니다. '세 살 버릇'을 들여주는 시작 시기입니다. 양육자의 말을 알아들을 수 있으므로 본격적인 훈육이 가능합니다.
이때 아래 네 가지 원칙을 기억해 주세요.

1. 짧고 명확한 지시: 긴말에 대한 이해가 부족하므로 짧고 명확하게 지시합니다.
2. 즉각적인 훈육: 잘못된 행동은 즉시 알려줄 때 효과가 있습니다.
3. 대안 행동 안내: 금지뿐 아니라 나은 방법을 제시해야 반발심이 줄어듭니다.
→ "정리해." 대신 "블록을 이 상자에 넣자."
4. 아이의 감정을 인정하고 공감하며 규칙을 전달하는 것이 중요합니다.
→ "화가 난 건 알겠어. 그런데 물건을 던지면 안 돼."

0~12개월	12~24개월	24~36개월
애착 형성에 집중한 훈육의 기초 마련	안전 중심의 기초 훈육 시작	일관성 있는 본격 훈육 시작

시기별 훈육의 핵심

훈육 시작 시기, 반드시 얽매일 필요는 없다

이론보다 아이의 발달 단계와 성향에 따라 조절하는 것이 중요합니다. 앞에 제시한 훈육의 시기와 연령별 훈육은 참고는 하되, 반드시 나이별로 맞출 필요는 없습니다. 언제부터 시작하든 가장 중요한 것은 부모님의 사랑과 일관성입니다.

부모의 역할은 단순히 아이에게 규칙을 지키라고 하는 게 아니라, 아이가 세상과 건강하게 관계 맺도록 돕는 것입니다. 올바른 훈육은 아이의 자존감을 지키면서 조절할 수 있는 힘을 기릅니다. 부모로부터 훈육을 잘 받은 아이는 행복한 삶을 살게 될 것입니다. 세상의 기준을 알고, 스스로 해야할 것과 하지 말아야 할 것을 실천하는 인성이 바른 사람으로 자랄 테니까요.

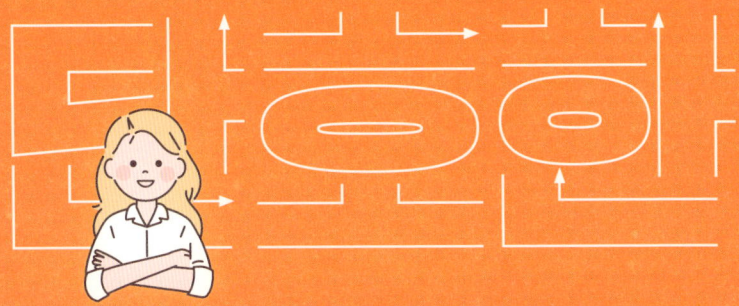

2장

이럴 때는
마음을 알아주세요

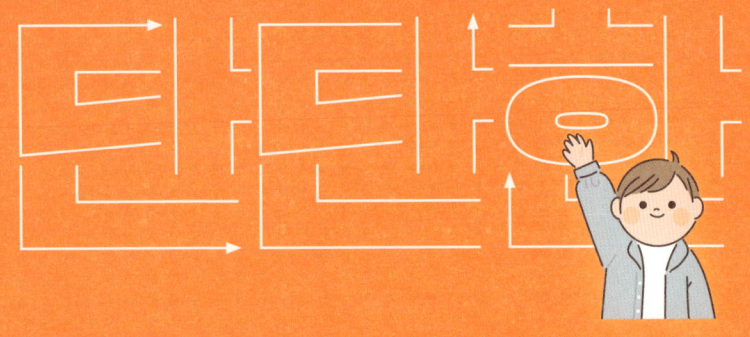

01

속상해하며 울 때,
반영적 경청

"공룡 스티커. 공룡 스티커."

3세 아이가 반복해서 "공룡 스티커"라고 하면서 발을 구르며 울고 있습니다. 엄마는 매번 제대로 말을 안 하고 울기부터 하는 아들에게 살짝 화가 나서 말했습니다.

"왜 울면서 그래? 공룡 스티커가 뭘 어쨌다고? 말을 해야 알지."

이 말을 듣자 아이가 주저앉아 더 크게 웁니다.

"아아앙, 내 공룡 스티커."

엄마는 아이에게 큰 소리로 말했습니다.

"너, 말할 줄 알지? 말로 해. 울면 못 알아듣잖아. 뚝 그쳐."

감정이 복받칠 때 아이는 '말'로 설명할 수 없습니다. 그런데 부모는 "말로 해라"라며 재촉합니다. 그럴수록 아이는 더 울기 마련이고 덩달아 부모는 더 혼내게 됩니다. 울고, 혼내고, 더 울고, 더 혼내는 악순환이 발생합니다. 이런 상황에서는 울지 말라고 혼내봐야 아무 소용이 없습니다. 상황을 더 빨리 파악하고, 아이가 덜 울게 하는 방법이 분명히 있습니다. 바로 공감해 주기입니다. 그러려면 정말 중요한 것이 있어요. 부모가 그 상황을 '공감의 상황'으로 봐야 한다는 사실입니다. 훈육 상황으로 본다면 설령 공감한다 해도 말로만 하는 공감일 뿐입니다.

아이가 속상해할 때, 부모의 관점이 중요하다

부모의 관점에 따라 같은 상황이라도 해피 엔딩이 되고, 정 반대가 될 수도 있습니다. 훈육 상황으로 보면 '얘는 왜 말로 하지 못하고 울기부터 할까'라는 생각이 들기 때문에 부모의 표정부터 냉정해집니다. 나오는 말도 "왜 말로 못하고 울고 그래?"라는 식이 됩니다. 그러면 아이의 울음은 지속되고, 부모의 목소리도 따라 커집니다. 당연히 아이가 진정되는 데 걸리는 시간도 더 많이 소요됩니다. 그렇지만 아래와 같이 관점을 바꿔, '공감의 상

이럴 때는 마음을 알아주세요

황'으로 보면 달라집니다.

1. 아이에게 뭔가 속상한 일이 생겼구나.
2. 그래, 속상할 때는 울기부터 할 수도 있어.
3. 아이에게 우는 이유를 찬찬히 물어보고 듣자.

그러면 이렇게 말할 수 있습니다.
"속상한 일 있어?"

이 짧은 말이 가진 공감의 효과를 지금부터 확인해 봅시다.

3, 4세 아이라면 일단 안아주는 것이 최우선입니다. 아이가 진정할 수 있도록 하는 공감법이죠. 아이가 발을 구르며 우는데 부모가 목소리를 높이면, 아이는 더 흥분 상태가 됩니다. 아이가 흥분하면 몸짓은 거칠어지고, 감정도 고조되어 울음이 커지죠. 아이의 울음소리가 커지면 엄마의 목소리는 더 커지게 마련이니 필요치 않은 에너지를 소진하게 됩니다.

속상해하며 울 때 공감 솔루션

- 2~3초 안아주기: 부모의 품에서 아이의 감정을 진정시키는 효과
- 아이 마음 알아주는 말하기: "속상한 일 있어?"
- 아이의 대답에 공감해 주기: "공룡 스티커가 없어졌어?"

- 아이와 해결 방법 이야기하기: "어떻게 할까?" "엄마랑 같이 찾아볼까?"

　자신이 아끼는 공룡 스티커가 없어졌다면 아이에게 이보다 더 큰 사건이 없습니다. 그럴 때 부모는 철저히 아이의 입장이 되어야 합니다. 그래야 이런 공감의 말이 나올 수 있어요.

　"공룡 스티커가 없어졌어? 그래서 속상하구나."

　이때에도 아이가 표현한 말에 공감해 주는 게 좋습니다. 아이가 "공룡 스티커가 사라졌어" 한다면 "사라졌어?"로, "없어졌어"라고 하다면 "없어졌어?"로 반응하는 거죠. 아이가 표현한 대로, 아이의 입장이 되어 반응해 주면 아이는 이렇게 느낍니다.

　'아, 엄마가 내 마음을 알아주네.'
　'이제 뭔가 해결할 수 있겠어. 엄마랑 같이 찾아봐야겠다.'

　이것이 공감의 효과입니다. 공감은 아이의 마음만 알아주는 것으로 그치지 않고, 건강한 해결책도 모색하게 합니다. 문제 해결력도 높이는 것입니다.
　만약 부모의 관점에서 "공룡 스티커가 한두 개야? 뭐 그거 하나 없어졌다고 울고 난리야. 울면 어디서 나와? 뚝 그치고 찾아보면 되지"라고 말한다면, 그저 혼내기에 불과합니다. 설령 부모의 말이 객관적인 사실이어도, 아이의 마음을 부정하는 말을 한 것이나 마찬가지입니다. 지금 아이에게는 사라진 공룡 스티커 하나가 세상의 전부니까요. 그 마음을 알아주는 것이 공감입니다. 일단 안아주세요. 그리고 마음을 풀어주고, 달래주는 말 한마디 해주세요. 그러면 아이가 우는 이유를 알 수 있고, 해결할 방법에 대해 이야기 나눌 수 있으며, 우는 것보다 더 나은 표현 방법도 알려줄 수 있습니다.

공감과 "네가 옳다"는 다르다

공감은 단순히 '그래, 네 마음이 그렇구나. 속상해서 그랬구나. 네 마음 알아'에 그치는 게 아닙니다. 무조건 네가 옳다고 편드는 것만도 아닙니다. 부모의 공감을 통해 아이는 배웁니다.

'나의 이런 속상한 마음이 나쁜 것은 아니야.'
'하지만 그 마음을 울음 말고, 다르게 표현할 수 있구나.'
'다음에는 엄마랑 이야기한 대로 표현해야겠다.'

공감은 이렇게 아이의 마음을 열고 상황을 이해하며 아이를 차츰 성장하게 합니다. 그뿐만 아니라 공감은 아이와 부모의 마음을 연결해 줍니다.

아래와 같은 경우에는 어떻게 하면 좋을지 앞의 솔루션을 응용해 공감해 봅시다.

놀이터에서 놀던 아이가 엄마에게 달려와 말합니다.
"엄마, 친구들이 안 놀아줘!"
즉시 공감해 줄 순간입니다.

먼저 아이를 안아줍니다. 아이가 뛰어와 엄마를 찾았다는 것은 엄마를 믿고 기대고 싶다는 뜻입니다. 아이를 품에 안아주세요.

그다음에는 "친구들이 안 놀아줘?"하고 아이의 말을 그대로 되받아 주며 공감합니다. 아이의 말을 그대로 따라하며 마음을 보듬어 주는 거죠.

마지막으로는 부모가 해결책을 내놓지 말고 아이에게 "어떻게 할까? 어떻게 하고 싶어?" 하고 물어보는 게 좋습니다.

그런데 우리는 "그럼 그만 놀고 집에 갈 거야?"라고 말하곤 하죠. 이 말은 아이의 마음을 제대로 공감하지 못한 말입니다. 지금 아이가 원하는 건 집에 가는 게 아니라, 친구들과 더 노는 것입니다. 그러므로 속상한 아이 마음을 공감해 주고, 어떻게 하고 싶은지까지 이야기 나눠야 공감의 효과를 최대치로 끌어올릴 수 있습니다.

아이들은 속상한 상황을 자주 맞닥뜨립니다. 논리정연하게 말할 수 없는 발달 단계라 울기부터 할 때도 많지요. 아이가 속상해하며 울 때는 훈육 상황도 아니고, 야단치며 혼낼 일은 더욱 아닙니다. 그럴 때일수록 공감이 필요합니다.

"속상했구나."
"그래서 울었구나."

이런 반영적 경청Reflective Listening의 말은 짧지만 강력한 효과가 있습니다. 공감해 주면 아이의 마음이 열리고, 부모와 아이는 함께 해결책을 찾아갈 수 있습니다. 부모님의 순간 선택이 중요해요. 공감해야 할 때 혼내지 마세요. 부모님이 자신의 속상한 마음을 보듬어 주며 공감하면 아이는 감정 표현 방법, 문제 해결 방법, 언어 표현력까지 차츰 배워나가며 바람직한 성장을 할 수 있습니다.

02

억울함을 표현할 때, 경청 공감법

아이가 숨을 헐떡이며 엄마에게 뛰어와 외칩니다.

"동생이 내 거 다 부쉈어! 다 망쳤다고!"

동생도 금세 뒤따라와 소리칩니다.

"그게 아니라 형이 나랑 안 놀아줬잖아!"

엄마도 아이들 못지않게 큰 목소리를 냅니다.

"또, 또, 또 싸운다. 잘 논다 했더니. 계속 싸우면 들어갈 거야. 어떻게 할래?"

그래도 여전히 아이들이 서로 억울하다고 하자 엄마가 중재를 하기 시작했습니다.

"형이 돼서 왜 그래? 동생하고 사이좋게 놀아야 한다고 했

이럴 때는 마음을 알아주세요

지?"

그리고 동생을 향해서도 한 마디 잊지 않습니다.

"너 왜 형 거 만졌어? 다음부터 만지지 않을 거지?"

이렇게 엄마가 "이제 가서 얼른 사이좋게 놀아"하며 화해시키는 멘트를 덧붙였는데도 둘은 여전히 서로 밀치며 티격태격 다툽니다.

"계속 싸울 거야? 그럼 그만 놀고 들어가자. 이따가 맛있는 거 사주려고 했더니 안 되겠다"라고 엄포를 놓자 아이들이 마지못해 다툼을 멈춥니다. 엄마는 흐뭇해져서 말했지요.

"그래, 그렇게 사이좋게 지내야 엄마 아들들이지."

형제끼리 서로 억울함을 쏟아내자 엄마 나름으로는 싸움을 중재했고, 상황이 정리된 것 같아 보입니다. 하지만 두 아이의 억울한 마음은 하나도 풀리지 않았습니다. "싸우려면 들어가자" "맛있는 거"라는 말에 주춤했을 뿐, 아이들 마음속 불만은 해소되지 않은 채로 남았습니다.

아, 억울해, 억울한데!

아이들은 종종 억울한 마음을 표현하며 부모에게 달려옵니다. 그럴 때 어떻게 해야 할까요? 먼저, 억울함을 풀어주어야 합니다. 아주 좋은 방법이 있어요. 바로 억울한 사연을 '들어주는 것'입니다. 그런데 부모는 들어주지는 않고 '해결'부터 하려고 합니다. 위 사례라면 이 상황을 '형제 싸움'으로 판단하기 때문입니다. 그러면 엄마에게는 이런 순서가 정해집니다.

판단 1. 또 싸우네.
판단 2. 안 들어도 다 알아.
판단 3. (아이들은 해결 능력이 없으니까) 내가 얼른 해결해
      줘야지.

이 판단은 엄마를 재빨리 판사나 해결사로 변신시킵니다. 하지만 문제는 아이에게 변론 기회를 안 주어 더 억울하게 한다는 점입니다. 충분히 들어주기만 하면 아이들이 해결할 수 있는데, 굳이 엄마가 나서서 해결사 노릇을 할 필요가 없습니다.

억울함에 집중해서 들어주기

억울함은 '분하고 답답한 마음'입니다. 답답한 마음을 해소해야 풀립니다. 억울함을 해소하는 공감법으로 들어주는 것 만한

게 없습니다. 아이 한 명 한 명의 억울함에 '집중'하는 거예요. 억울해하는 형에게 "네가 형이잖아"라며 더 억울하게 하지 말고 이렇게 말해보세요.

"동생이 부숴서 억울했어? 화났어?"

동생에게도 물어보고 억울한 마음을 들어주세요.

"형이 안 놀아줘서 그랬어?"

아이들이 각자 말할 때 부모는 상황 정리를 하거나 옳고 그름을 판단하지 말고 듣기에만 집중합니다. 그것이 핵심입니다. 저는 이것을 '황희 정승 화법'이라고 부릅니다. '네 말도 맞고, 네 말도 맞다'는 마음으로 억울함을 표현하는 당사자에게 집중해 주는 것이죠. 아이들이 자신이 이해받는다는 느낌이 중요합니다. 다만, 상대가 말할 때 끼어들지 말고 들어보자는 양해를 먼저 구해야 합니다. 듣고, 말할 순서를 지키자는 약속을 하면 꽤 근사한 경청의 분위기가 됩니다. 부모는 들으며 "그래? 그랬어? 그랬구나" 정도의 반응을 해주며 공감 표현을 합니다.

부모가 결론을 내리거나 옳고 그름을 따지는 게 아니라, 억울한 마음을 충분히 들어주는 것이 중요합니다. 아이들은 부모가 자신의 억울함을 알아주면 억눌린 감정을 해소하며 더 자세히 말하기 시작합니다. 부모는 필요에 따라 아이의 말을 정리해 주어 서로 이해하도록 천천히 말해주면 되지요.

"형이랑 놀고 싶었는데 형이 안 놀아줘서 만졌다가 실수로 부 쉈다는 거지?"

"안 놀아준 게 아니라 네 놀이에 집중하느라 동생이 부르는 소리를 못 들었다는 거구나."

이 과정에서 아이들 나름으로 반박하고 억울하다며 목소리를 높일 수도 있지만, 아이들은 부모의 입으로 자신의 얘기를 다시 들으면서 마음이 풀리기 시작합니다. '들어주는 공감'의 또 하나 의 효과가 바로 '객관화'이기 때문입니다. 처음에는 자신의 억울 함이 전부인 것처럼 느끼던 아이들이, 부모가 자신의 말을 듣고, 상황을 차분히 되짚어 주면 조금씩 상황을 객관적으로 바라보 게 됩니다. '아, 동생의 마음이 그랬구나. 나쁜 뜻이 아니었구나. 그럴 수도 있었겠네'라며 상대의 마음도 미흡하나마 이해하게 됩니다.

억울한 일이 벌어진 직후에는 감정이 격해져 있지만, 부모가 억울함을 들어주고, 말을 정리해 주면 감정은 자연스레 가라앉 고 아이는 자신을 돌아보게 됩니다. 억울함은 어디까지나 감정 입니다. 감정이 정리되면 이미 절반 이상 해결된 셈입니다. 따라 서 굳이 "앞으로는 사이좋게 놀아야겠지? 알았지?"이렇게 가르 치지 않아도 괜찮아요.

문제 해결력 높이는
경청 공감법

친구 관계에서도 억울한 상황은 생깁니다. 아이가 학교에서 친구에게 지우개를 빌리고 돌려줬는데, 나중에 친구가 "내 지우개 없어졌어. 네가 가져갔지?"라며 따진 상황을 예로 들어볼게요. 아이는 억울한 마음에 집에 와서 "엄마, 난 돌려줬는데 걔가 안 돌려줬다고 해. 진짜 억울해"하고 말합니다. 이럴 때는 어떻게 하면 될까요?

이때에도 부모는 경청하면 됩니다. 그리고 중간중간 "넌 분명히 돌려줬는데 친구가 그렇게 말하니까 정말 억울했겠다"와 같이 아이에게 들었던 말을 피드백해 주며 또 들어주면 됩니다. 이렇게 이야기를 들어주면 아이는 '내가 마지막에 썼던 건 맞고, 돌려줄 때 바닥에 떨어졌을 수도 있어'라고 생각을 정리하고 "내일 다시 찾아볼게, 엄마" 하며 스스로 상황을 해결하려고 할 거예요. 만약, 부모가 충분히 듣지도 않고 이렇게 말한다면 어떨까요?

"너 정말 돌려줬어? 앞으로 준비물 잘 챙겨 가서 빌리지 마. 그러면 이런 일도 안 생기잖아."

이렇게 되면 아이의 억울함은 더 깊어집니다. '엄마는 내가 잘

못했다고만 하잖아. 괜히 말했네'라며 다른 일에도 입을 닫을 수가 있습니다.

억울함을 표현하는 아이에게는 어떤 공감의 말보다 '들어주는 공감'이면 충분합니다. 아이의 잘못을 끄집어내어 질책하거나 훈육하지 않아도, 들어주는 공감만으로 가르칠 것을 충분히 전할 수 있습니다. 굳이 교훈을 주거나 훈계하지 않아도 "그랬구나. 억울했겠다"라는 반응을 하며 들어주는 부모를 통해, 아이는 상황을 객관적으로 바라보며 스스로 해결책을 찾습니다. 아이의 억울함에 귀 기울여 공감해 주세요. 들어주는 공감법이 아이의 억울함을 해소하고, 아이의 문제 해결력도 높일 거예요.

03

짜증 내는
아이에게

"목말라, 목말라."

"여기 물이 어딨어? 엄마 힘든 거 안 보여?"

"목말라. 목마르다고."

"지금 없다고 했지. 한 번만 더 물 달라고 하면 진짜 혼날 줄 알아."

엄마의 말에 겁먹었는지 아이가 바닥에 주저앉습니다.

"아아앙. 안 혼나. 안 가."

"안 일어나? 그럼 거기서 계속 울고 있어. 너, 두고 갈 거야."

엄마는 걸어갔고, 아이는 기겁할 듯 일어나 울면서 엄마를 따라갑니다.

엄마는 한 팔에 아기를 안고, 다른 손으로는 4~5세쯤 되어 보이는 아이 손을 잡고 걷고 있었습니다. 아이가 계속 짜증 내며 물을 찾고, 아이를 달래느라 지친 엄마의 목소리에도 짜증이 묻어나옵니다. 더운 날씨에 아기를 안고, 아이 손을 잡고 걸어가는 엄마도 참 힘겹습니다. 그런데 아이가 물을 달라고 짜증을 내니, 엄마 역시 한계에 다다릅니다. 하지만 이런 순간이야말로 '공감'으로 짜증을 가라앉힐 기회입니다.

아이의 욕구를
채워줄 수 없는 상황이라면

육아를 하다 보면 아이의 요구를 바로 해결해 줄 때도 있고, 그럴 상황이 안 될 때도 있습니다. 사례에서처럼 길을 걸으며 물을 달라고 짜증 내는 아이에게, 물을 사줄 수 있다면 얼른 사주면 됩니다. 그런데 어떤 이유로든 물을 줄 수 없는 상황이라면 아이의 짜증을 줄일 수 있는 방법을 찾아야 합니다. 최선의 차선을 찾는 것이죠.

"엄마가 힘든 거 안 보여?"

이 말은 목이 마른 '욕구'에 가득 찬 아이에게 전혀 와닿지 않을 말입니다. 목마른 아이의 짜증은 가라앉지 않습니다.

"목말라도 참아. 집에 가면 준다고 했잖아."

이 말도 '현재' 목마른 욕구의 아이를 충족시키지 못하는 말입니다. 이 상황은 아이에게 '조절력'을 강요할 상황도 아닙니다.

이런 상황에 처했다고 가정해 볼까요. 사막을 걷고 있는데 목이 마릅니다. 물은 없어요. 갈증이 심해집니다. 너무 목이 말라 상대에게 너무 목이 마르다고 말했습니다.

이 말을 한다고 해서 상대가 당장 물을 주거나 구해줄 수 없다는 것도 압니다. 그럼에도 이 말이라도 해야 견딜 것 같아 말했다면 상대가 어떻게 해주면 그나마 위로가 될까요.

"여기 물이 어딨다고 물을 찾아?"라는 말은 흠잡을 데 없이 사실적인 말이지만 야속하기만 합니다. "내가 뭘 어쩌겠어? 참아"라는 말 또한 참 정직한 말입니다. 하지만 이런 말밖에 못하나 싶게 서운합니다. 이런 말은 어떨까요?

"그래, 목마르지? 나도 그래. 조금만 가면 오아시스가 있대. 힘내서 가보자."

아이의 욕구를
혼내지 말 것

물을 마시고 싶은 욕구는 혼낼 일이 아닙니다. 다만 상황상 아이의 욕구를 채워줄 수 없다면 몇 가지 공감의 방법으로 욕구를 유보하도록 해주세요.

1. 희망을 주는 공감

"물 살 데 있는지 잘 찾아보고, 엄마한테 말해줘."

→ 아이에게 희망을 주고, 짜증의 감정 대신 집중할 무언가를 대안으로 제시하는 공감의 말입니다. 아이는 짜증 대신 물을 살 수 있는 가게를 찾는 데 집중할 거예요.

2. 주의를 환기하는 공감

"물 말고 또 마시고 싶은 음료 있어?"

→ 주의를 환기하면 아이의 뇌는 목마르다는 참을 수 없는 갈증 욕구에서 '내가 뭘 좋아하지?'로 전환합니다.

3. 아이 욕구를 인정해 주는 공감

→ 아이가 "목말라" 하면 "목마르구나" 하며 아이의 말을 그대로 인정해 주는 것입니다. 부모가 이렇게 말해주면 아이는 '아, 내 마음을

알아주는구나'라고 느낍니다. 단박에 목마른 것이 해소되지는 않지만 이렇게 하며 몇 발짝씩 말놀이 삼아 걸어가는 거예요. 그러다 보면 물을 살 수 있는 곳이 나타날 겁니다.

아이 마음을 따라가는 공감

그런데 우리가 흔히 하는 반응은 다릅니다. 날씨는 덥고, 두 아이를 챙기기도 힘든데 아이가 계속 짜증 낸다면 부모 또한 짜증 섞인 반응을 할 수밖에 없지요. 하지만 그런 식이라면 욕구도 채워주지 못하고, 아이 자존감도 떨어뜨리고 아이의 짜증은 지속되므로, 걷는 길이 힘들기만 할 거예요.

"뭐가 목말라? 지금 물 없는 거 안 보여?"라는 말은 아이의 욕구를 부정하는 것이죠. 우리는 누구나 부정당하기보다는 인정받고 싶어 합니다. 아이도 마찬가지입니다. 아이의 말을 인정해 주면 잠시 진정됩니다. 부정하지 않는 것도 최소의 공감입니다. 아이의 마음과 욕구를 살피며 공감을 해보세요.

"목말라? 그래, 걸어가면서 물 살 곳을 찾아보자."
"가면서 물 살 데 보이면 알려줘. 그럼 엄마가 얼른 사줄게."

이렇게 아이의 욕구를 인정해 주고, 동시에 해결의 실마리를 제시하면 아이의 마음은 훨씬 평온해지며 참을 수 있는 능력이 생깁니다. "목말라"라는 말에 "목마르구나. 물 살 곳을 찾으면 사줄게"라고 하면 아이는 더 이상 울며 짜증을 내기보다 주위를 살펴보기 시작합니다. 이렇게 '주의 환기'를 하도록 하면 아이는 물을 마시고 싶다는 욕구에만 갇히지 않고, 물을 찾는 행동으로 초점을 돌리게 되지요. 마치 사막에서 "여긴 물 없어"라는 말을 들으면 더욱 힘들어지지만, "조금만 가면 오아시스가 있어"라는 말을 들으면 힘이 나서 발을 내딛게 되듯이요.

중요한 것은 아이에게 주도권을 준다는 점입니다. "엄마가 찾아볼게"가 아니라 "네가 찾으면 엄마한테 알려줘"라고요. 아이에게 주도권이 생기면 상황을 통제할 수 있다는 느낌이 들고, 짜증도 줄어듭니다.

겉보기에는 '이유 없이' 짜증 내는 것처럼 보일 때도 있지만, 아이에게는 반드시 이유가 있습니다. 앞의 상황처럼 이유가 분명할 때는 짜증 자체에 초점을 맞추기보다 그 욕구에 공감해 주는 것이 중요합니다. 물론 현실적으로 매번 아이의 욕구를 당장 해결할 수도 없고, 참아야 할 욕구가 있기도 합니다. 하지만 앞의 사례와 비슷한 상황이라면 혼낼 일도, 억지로 참게 할 일도 아닌, 공감으로 충분합니다.

공감은 거창한 것이 아닙니다. 욕구를 부정하지 않고 인정해 주는 것으로 충분합니다. "여기 물 없으니까 집에 가서 줄게" 라는 말은 아이에게는 너무 멀고 답답한 이야기입니다. 하지만 "네가 찾으면 엄마가 사줄게"라고 하면 아이는 상황을 견디며 주도적으로 움직일 수 있습니다.

공감은 아이의 마음을 열고, 부모와 아이의 관계를 더 가깝게 만들어 줍니다. 아이의 짜증 속에 숨겨진 마음을 공감해 주세요. 그 순간, 아이의 마음속에는 믿음이 자라납니다. 그 믿음이 아이를 견디게 하고, 부모의 말을 더 잘 듣고 싶게 합니다.

효과 만점 공감의 말

"우리 OO 목마르구나. 그럼 가면서 물 살 데 있는지 찾아볼까?

'이유 없이 짜증 낸다'고 단정 짓지 말고, 아이의 욕구를 인정하고 주의를 환기해 아이의 짜증이 '흥미'로 전환되도록 도와주세요.

04

감정을 말로 표현하도록
유도하는 법

아이들이 때로 공격적이고 이해되지 않는 행동을 하는 것은 아직 자신의 감정을 스스로 알지 못하기 때문인 경우가 많아요. 말로 자기 감정을 솔직하게 표현하는 것은 어른들도 쉬운 일은 아니지요. 하지만 자기 감정을 알아차리고 말로 표현하도록 하는 훈련이 되어 있는 아이는 앞으로 감정을 조절하고 다스릴 줄도 알게 됩니다. 아래 사례들을 통해 어떻게 아이의 감정 표현을 유도할 수 있을지 알아볼까요.

사례 ①

첫째 아이가 엄마의 눈치를 슬금슬금 보며 오더니 엄마 품에 안겨 있는 아기의 발을 꽉 잡습니다. 아기는 울고, 엄마는 놀라서 "잡으면 안 되지, 아기 아프잖아"라고 말하자 아이가 "아악!" 소리를 지르며 거실을 뛰어다닙니다. 순간, 엄마는 미안한 마음이 들어 아이를 불러서 품에 안고 공감을 시도했습니다.

"속상했어? 소리 지르지 말고 엄마한테 말로 해야지."

혼날 줄 알았는데 엄마가 다정하게 말하자, 아이는 웃으면서 이렇게 말했습니다.

"아기가 예뻐서 그랬는데 엄마가 혼냈잖아."

엄마는 아이가 거짓말을 하고 있다는 것을 압니다. 사실은 동생에 대한 질투심 때문에 꼬집은 것입니다. 하지만 엄마는 아이의 속마음을 공감해 주는 말을 차분히 이어갔습니다.

"엄마가 아기만 안고 있어서 샘났어? 우리 ○○도 안기고 싶었구나? 미안해. 안기고 싶을 때는 엄마한테 와서 말해주면 돼, 알았지?"

아이가 고개를 끄덕이며 말합니다.

"응, 나도 매일매일 안아줘."

사례 ②

블록을 쌓다가 무너지자 아이는 "으으으" 하며 장난감을 마구 뒤섞습니다. 예전 같으면 엄마는 아이에게 다가가 "왜? 뭐가 안돼? 말로 해야지" 하며 관심을 가졌을 거예요. 하지만 이번에는 소파에 앉아서 빨래를 개며 가만 지켜보기로 했습니다. 아이가 흘긋흘긋 엄마를 보며 "잉잉. 이거 이거" 하며 무너진 블록을 가리켰죠. 엄마는 고개만 두어 번 끄덕였습니다. 아이는 이번에도 엄마가 얼른 다가와 "아, 블록을 잘 쌓았는데 무너져서 속상했구나. 그러면 다시 쌓으면 되지 뭐. 엄마가 도와줄까?" 이렇게 공감하며 해결해 주길 기다렸던 것 같아요. 하지만 엄마가 오지 않자, 엄마를 잠시 기다리던 아이는 혼자 다시 블록을 쌓기 시작했습니다.

사례 ③

바구니에 공 넣기 놀이를 하는데 잘 안 들어가자, 아이가 공을 마구 던지며 소리를 지릅니다.

"아아악. 다 엉터리야."

매번 아이의 감정에 공감해 주어야 할까?

아이들은 부모의 관심을 받고 싶을 때 '말이 아닌' 행동으로 합니다. 사례 ①의 아이도 동생을 꼬집고, 소리를 지르며 거실을 뛰어다니고, 어떤 때는 일부러 우유를 엎지르기도 합니다. 그럴

이럴 때는 마음을 알아주세요

때마다 엄마는 아이에게 관심을 보이고, 안아주면서 다정하게 말했습니다.

"아기만 예뻐해서 화났어? 그럴 때는 말로 해야지. 그래야 엄마가 들어주지."

"엄마가 우리 ○○ 안 봐줘서 속상했어? 그럴 때는, '엄마, 나 봐주세요' 하고 말로 해야지."

다정한 엄마는 첫째 아이의 마음을 공감해 주려고 하루에도 몇 번이나 "엄마한테 말로 해야지. 그래야 엄마가 들어줄 수 있어"라고 말합니다. 아이에게 동생이 생겨 안쓰럽고, 기질적으로 '순한 아이'라 혹시 자존감이 낮아질까 봐서입니다. 그런데 문제는 이런 일은 하루에도 몇 번씩 일어나고, 엄마는 공감해 주느라 지칩니다. 아이는 말썽을 부리면 엄마가 내 마음 알아주고 안아줄 거라고 생각해 엄마에게 관심을 받고 싶을 때마다 '말썽'을 부립니다. 그러다 보면 말썽을 부려야 아이 뜻대로 되는 패턴이 형성되고 맙니다.

말로 하면
다 들어줄 수 있나?

만약, 엄마가 아기를 안고 있는데 첫째 아이가 "엄마, 나도 안아줘"라고 말로 한다면 그때마다 안아줄 수 있을까요? 가능하지 않을 거예요. 그렇다면 아이가 말썽을 부릴 때마다 "말로 해야 들어줄 거야"라고 말하면 모순입니다. 그럴 때는 "말로 해야지"라는 말보다 때로는 '모른 척 지나가기' 기법이 효과적입니다. 일일이 아이 기분에 맞춰줄 필요는 없습니다. 아이의 행동에 대해 "왜 그랬니?"라고 물어볼 수는 있겠지요.

사례 ①에서처럼 아이가 동생의 발을 꽉 잡아서 그 이유를 묻자 "예뻐서"라며 둘러대더라도 "거짓말하네, 정직하게 말해야지"라고 몰아세울 필요도 없습니다. 그렇다고 '아이가 안아주길 바라는구나'까지 진행하면 지나친 공감입니다. 조금은 무심한 듯 말해주세요.

"동생이 예뻐서 그랬어? 다음에는 살살 만져줘."

이렇게만 해도 아이는 감정을 표현하는 연습을 하게 됩니다. 그런데 이렇게 공감한다면 어떨까요?

"미안해, 엄마가 동생만 예뻐해서 화났어? 엄마는 우리 ○○도 정말 사랑해. 안아줄까?"

참 아름다운 장면이지만, 이런 공감이 하루에도 몇 번이나 반복된다면 공감이 아니라 아이의 감정에 끌려가는 부모가 됩니다. 아이는 부모의 속 깊은 애정을 이용하려고 하죠. 공감도 육아 현실에 맞게 해야 합니다. 아이에게 감정을 말로 표현하는 법을 알려주는 것은 필요하지만, 아이의 감정에 끌려가면 안 됩니다. 그러면 엄마가 먼저 지쳐서 아이를 제대로 돌보지 못합니다.

"말로 해야 엄마가 들어주지."

"소리 지르지 말고, 말로 해야지."

"던지지 말고, 말로 표현해야 엄마가 네 마음을 알지."

이런 말은 감정을 말로 표현해야 한다는 것을 알려주는 말이지만, 잘 사용해야 합니다. 여러분 스스로에게 자문해 보세요.

'아이가 말로 하면 부모인 나는 다 들어줄 것인가!'

분명히 아닐 거예요. 예를 들어 아이가 좀 전에 음료수를 마셨는데 또 먹겠다고 합니다. 엄마는 단호히 "안 돼. 오늘은 더 이상 먹을 수 없어"라고 말했죠.

그런데 아이가 계속 징징거립니다. 이때 엄마가 "징징대지 말고 말로 해야지"라고 했고, 아이가 "콜라 더 먹고 싶어"라고 말로 했다면 어떻게 할까요? 아이가 말로 했으니 더 주어야 할까요? 그렇다면 "오늘은 더 이상 먹을 수 없어!"라고 했던 말을 엄마 스스로 어기는 것입니다.

담담한 공감 & 기다림 공감

사례 ③처럼 아이가 기분이 나쁠 때 소리를 지르나요? 그럴 때 즉각적으로 반응하며 아이의 감정을 '해결'하려고 허둥댈 필요가 없습니다. 아이가 자신의 마음대로 안 된다고 장난감을 마구 뒤섞으며 "아악!" 하고 소리를 지를 때마다 "왜 그래? 소리 지르지 말랬지! 뭐가 문젠데?"라며 관심 보이지 않아도 됩니다. 부정적 강화만 되니까요.

특히 반복적으로 감정을 과하게 표출하는 아이라면, 그때마다 공감하거나 훈육하지 말고, 지켜보며 기다려주는 것이 필요합니다. 위험한 상황이 아니라면, 적극적 반응 대신 담담하게 말해주세요.

"네 기분이 좀 좋아지면 좋겠다."

그리고 기다려주세요. 몇 초도 안 되어서 "이제 좀 나아졌어?"라고 관심을 보이지 말고, 아이가 다가올 때까지 기다려주는 것도 아이 마음을 알아주는 공감입니다.

다만 해결이 필요한 상황, 아이가 감정을 말로 표현해야 도와줄 수 있는 상황, 예를 들어 아이가 바구니에 공 던져 넣기를 하는데 공이 잘 들어가지 않아 속상해하는 상황이라면 이런 말이 적절합니다.

"소리 지르지 말고 엄마한테 말해줘야 도와줄 수 있어."

"생각처럼 잘 안돼? 어떻게 하면 잘 들어갈까?"

"우리 ○○, 공이 안 들어가서 정말 속상했구나"라는 적극적 공감보다 담담하게 반응하고 나서 "이번에는 조금 앞에 가서 던져볼까? 이제 되네. 한 발짝 뒤로 가서 던져볼까?"

이렇게 방법을 제시하며 다시 시도하도록 격려하는 게 낫습니다. 그러면서 "엄마, 잘 안 들어가니까 도와주세요"등으로 표현하도록 알려주세요. 이건 막연히 "말로 해야 들어주지"와는 다른 차원의 방법입니다. 이때 중요한 것은, 아이가 말로 감정을 표현했을 때 부모가 그 말을 들어주고, 그에 따라 더 나은 결과를 경험하도록 도와주는 것입니다. 아이가 말로 표현해서 해결될 상황이면 "그래서 그랬구나"로 끝내지 말고, 말로 표현했을 때 상황이 조금씩 풀려가는 걸 느끼게 해줘야 합니다. 그러면 자연스럽게아이는 감정을 말로 표현하는 데 익숙해집니다.

아이의 감정을 말로 이끌어내는 것은 단순히 기분을 풀어주는 것이 아니라, 아이가 자신을 이해하고 조절할 수 있도록 돕는 중요한 과정입니다. 부모가 아이의 감정에 휘둘리지 않고 차분하게 기다리며 "말해줄래?"라고 묻고, 말로 표현했을 때 더 좋은 결과가 있다는 걸 알려줄 때 아이의 조절감이 한뼘 더 자랍니다.

즉각적 공감은
견디지 못하는 아이를 만든다

아이가 자기 마음대로 안 되면 견디지 못하는 것이 기질적으로 까다롭고 예민해서라고 생각하지만, 알고 보면 부모의 즉각적 공감이 원인인 경우가 많습니다. '내가 감정적인 표현을 하면 내 맘대로 다 된다'는 생각이 아이에게 형성된 것입니다. 아이가 조금만 풀이 죽어 있어도, 자기 뜻대로 안 되어 화를 낼 때마다 부모가 즉각적이고 적극적인 공감으로 맞춰준다면 아이는 자신의 감정을 스스로 추스르는 경험을 하지 못합니다. 아이에게 감정을 조율할 시간을 주세요. 부모가 즉각 반응해 주는 건 공감이 아니라 아이가 자신의 감정을 대면할 기회를 빼앗는 것입니다.

사례 ②처럼 상황에 알맞은 부모의 적절한 공감이 아이를 키웁니다. 어떨 때는 모른 척해주고, 어떨 때는 담담하게 "네 기분이 좀 좋아지면 좋겠다" 정도로만 말해도 괜찮습니다. 아이는 부모가 자신의 감정을 인정해 주고 있다는 걸 느끼기만 해도 충분히 위로받습니다. 적극적이고 즉각적 공감, 때로는 담담한 공감, 또 때로는 기다려주는 공감이 모여서 아이를 좀 더 단단하게 세워줍니다. 아이가 견디고, 참으며 스스로 해결할 감정이 있다는 것을 배워야 말로 감정을 잘 표현하며, 좌절도 실패도 이겨냅니다.

"네 기분이 좀 좋아지면 좋겠다."
"소리 지르지 말고 엄마한테 말해줘야 도와줄 수 있어."
"생각처럼 잘 안돼? 어떻게 하면 잘 들어갈까?."

특히 아이의 행동이 과해질 때, 부모는 반대로 차분하고 담담하게 대응해야 합니다. 물론 쉬운 일이 아니지만 아이가 감정을 다루는 훈련이 될 때까지 반복해 주세요. 그러다 보면 어느새 변화된 아이의 모습을 발견할 수 있을 거예요.

05

그저 마음만
알아줘도 될 때

아파트 옆 공원에서 아이들이 놀고 있습니다. 한 아이가 미끄럼틀을 타러 올라가더니 바로 후다닥 미끄럼틀 계단을 내려오며 외쳤습니다.

"악, 살려주세요! 살려주세요!"

아빠가 "왜? 왜 그래?" 하고 놀라며 아이에게 달려갔습니다.

"벌레야! 벌레! 벌레가⋯."

아이 말을 다 듣기도 전에 아빠는 아이에게 야단치듯 말했습니다.

"야, 놀랐잖아. 뭐 그런 거 갖고 살려달라고 그래. 큰일 난 줄 알았네. 그리고 너, 그렇게 계단으로 뛰어 내려오면 어떡해. 위

이럴 때는 마음을 알아주세요

험하잖아. 벌레가 문제가 아냐! 그게 더 위험한 행동인지 몰라?"

"아, 몰라. 아빠는 맨날 나만 혼내!"

몇 초 안에 일어난 일이지만 아빠는 그 사이에 아이에게 여러 가지를 말해주었습니다. 무엇보다 아이에게 빨리 달려가 아빠의 관심과 사랑을 보였죠. 그 행동과 말에는 '(큰일은 아니니까) 안심하렴' '계단을 뛰어 내려오면 위험하단다' '널 사랑한단다. 그러니까 안전하게 행동하렴'과 같은 의미가 담겨있었습니다.

하지만 아이는 아빠의 걱정과 사랑에 "아빠는 맨날 나만 혼내"라는 반응을 보였습니다. 훈육 상황이 아님에도 가르치는 것을 앞세우면 아이는 아빠가 자신을 혼낸다고만 느낍니다. 그저 아이가 놀란 것만 알아주어도 충분할 때가 있습니다.

돌발 상황에서 공감하기

아이가 놀란 돌발 상황에서 즉시 공감하는 건 쉽지 않습니다. 부모도 놀란 나머지 큰소리치거나 사실 확인 후 "별것 아닌데 왜 그래?" 식으로 말하기 십상이지요. 하지만 놀란 아이에게 필요한 건 큰소리와 꾸중이 아닙니다.

육아 시 돌발 상황은 자주 발생합니다. 그럴 때 부모가 아이를 어떻게 대하느냐에 따라 아이와 부모의 유대감이 달라집니다. '내가 놀랐는데 위로는 안 해주고 혼만 내다니. 나를 미워하는구나'라는 마음을 갖게 할 수도 있고, '내가 놀랐을 때 나를 위로하며 사랑하시는구나'를 느끼게 할 수도 있습니다. 부모의 '사랑'이 아이에게 '미움'으로 전달되지는 않게 해야 합니다. 돌발 상황이라면, 말을 아끼고 이렇게 공감해 주세요.

1. 먼저 아이를 안으세요.

놀란 아이는 먼저 안아주어야 합니다. 안심시키고, 진정시키는 방법으로 안아주기가 최고입니다.

2. "괜찮아?"라고 물어보세요.

이때 "괜찮아!"라는 부모의 의견으로 정리하는 게 아니라 "괜찮아?"라고 물어봐야 합니다. 아이는 지금 괜찮지 않을 수 있으니까요. 아이가 "무서워" "놀랐어" "죽을 것 같았어"라고 한다면 '정말 무서웠겠구나' 하고 도닥여 주고, 다친 곳은 없는지 몸 상태를 확인합니다.

이럴 때는 마음을 알아주세요

3. 아이가 표현한 말, 지금 느끼는 감정에 공감해 주세요.

아이가 "놀랐어!"라고 하면 말을 그대로 복사해 "그래, 놀랐구나!"라고 답합니다.

아이를 품어주는 것,
근사한 공감의 언어

몸으로 안아주고, 등을 도닥여 주고, 아이의 말에 고개 끄덕여주는 것, 이게 공감입니다. 때론 안아주는 것만으로도 더 많은 것을 알려줄 수 있습니다. 어떤 멋진 공감의 언어보다 부모 품을 내어주는 것만으로도 아이와 교감하는 것이죠.

아이가 만약 "아빠도 벌레 한번 볼래?" 한다면 "무섭다면서 왜 그걸 또 봐?" 하지 말고 아이의 관심에 호기심을 가져도 좋습니다. 아이는 부모와 함께 자신을 놀라게 한 대상을 확인하며 '그렇게 놀랄 일이 아니었구나' 하며 안심하고 싶을 수도 있으니까요. 아이가 안정이 된 다음에는 자연스럽게 위험에 대한 대처법도 알려주세요. 놀라서 당황했을 때는 어떤 가르침도 전달이 안 되지만, 아이가 안심하고 안정이 되면 비로소 부모의 말이 잘 들립니다.

특히 잊지 말아야 할 것은 아이가 친구 등 다른 사람과 있을 때는 체면을 살려주어야 한다는 것입니다. "시시하게 뭘 그런 것 갖고 그래?"라든가 "웬 호들갑이야?" "겁쟁이네"라는 말을 한다면 부모가 아이의 자존감을 깎아내리게 됩니다. 시시하다는 말이나 창피하다는 느낌은 아이를 부끄럽게 하고 주눅 들게 하니까요. 놀란 것은 창피해야 할 일이 아니고 보호받아야 할 감정임을 부모의 공감으로 확인시켜 주세요. "놀랐어? 괜찮아?" 한마디면 됩니다.

06

공감해야 할 때
훈육하지 말 것

"엄마, 내가 물 가져올게."

식당에서 아이가 셀프 코너로 물을 가지러 가려 하자 엄마가 적극 말립니다.

"안 돼. 그러다 엎질러."

엄마가 일어서며 말했습니다.

"앉아 있어. 엄마가 가져올게. 동생 잘 보고."

아이는 아쉬운 듯 "내가 가져올 수 있는데…" 합니다. 그런데 엄마가 물을 가져오는 동안 아이와 동생이 티격태격합니다.

"또 싸워? 암튼 잠시도 안 싸우는 적이 없어. 얼른 물 마셔."

하지만 아이는 부루퉁한 표정으로 "안 먹어" 합니다.

"저 청개구리, 삐침쟁이. 그러면서 왜 물을 달래? 그럼 맘대로 해."

아이가 눈물을 글썽거리고 훌쩍이며 물을 마시려다 줄줄 흘리고 맙니다.

"왜 그래? 조심성 없이. 얼른 닦고 이제 네가 가서 물 가져와."

아이가 물을 안 마시고 삐친 이유

목마르다고 한 아이가 엄마가 물을 가져다주었는데 왜 안 마신다고 했을까요? 엄마가 청개구리에 삐침쟁이라고 놀렸으니 아이가 삐칠 만합니다. 그런데 또 다른 이유도 있습니다.

첫 번째, 아이가 하고 싶은 일을 엄마가 못하게 막아서 아이는 삐쳤습니다.

두 번째, 자신이 하고 싶은 일을 못해서 속상한데, 동생과 티격태격했다고 자신만 혼났습니다. 아이로서는 억울한 일이죠.

세 번째, 물 마시고 싶은 욕구가 싹 사라졌는데 엄마는 물 마시라고 다그치며 혼냅니다. 그러니 눈물 글썽거리고 훌쩍이며 마셨지요. 그러다 그만 물을 흘렸고 또 혼났습니다.

이럴 때는 마음을 알아주세요

정리해 보니, 단 한 가지도 아이가 혼날 일이 없다는 것을 알 수 있습니다. 이 상황은 엄마가 혼낼 일을 만든 것입니다. 이런 일이 반복되면 아이는 억울함만 느끼고, 어떤 훈육에도 반항심을 보이게 될 거예요. '결자해지結者解之'라는 말처럼 엄마가 만든 일이니 엄마가 풀어야 합니다. 공감할 상황인데 혼낸 부모의 실수를 바로 잡아야 합니다.

부모의 실수를 바로잡는 법

아이가 하고 싶은 일을 해보게 하세요. 만약에 아이가 물을 가져와도 되는 식당이라면 아이가 가져오도록 합니다. 이때에도 "흘리지 말고 가져와"라는 말 대신에 흘리지 않고 가져올 수 있는 구체적인 방법을 알려주세요. 아이의 능력은 엄마도 알고 있으니까 아래와 같이 제대로 알려줄 수 있습니다.

"컵에 물을 반만 담아서 가져와. 그러면 흘리지 않고 가져올 수 있을 거야."

아이 혼자 가져올 수 없는 상황이라면 동생을 데리고, 아이와 함께 가서 약간만 도와주며 물을 가져오게 합니다.

　식당에 사람이 많거나 아이가 물을 가져올 상황이 아니라면 아이에게 이유와 결론을 이야기해 주세요.

- 이유: "공간이 복잡해서 또는 사람이 많아서"
- 결론: "네가 물을 가져오는 것보다 엄마가 가져오는 게 나을 것 같아."

　이 과정에서 아이는 공공질서, 사회적 규칙과 때와 장소에 따른 적합한 행동도 배웁니다. 아이의 마음을 알아주면 가능합니다. 혼나기만 했다면 아무것도 배우지 못합니다. 그저 서럽고 억울해 삐칠 뿐이지요.

실수를 인정하는 부모

　이제 정리해 볼까요. 아이가 식당에서 물을 가져온다고 했으면 상황을 살펴보세요. 가능하다면 얼마큼 가져와야 안전하게 가져올 수 있는지 알려주세요. 만약에 안 되는 상황이라면 이유를 말해주고, 양해를 구한 후 엄마가 가져다주세요.

　"물을 가져오고 싶은 마음을 알아. 그런데 이곳은 네가 가져오면 안 될 상황이야."

"물을 가져오고 싶어? 그런데 여기 둘러볼까? 사람이 많지?"

이렇게 상황을 공유하며 아이가 받아들이도록 합니다. 그러면 아이는 하고 싶은 욕구를 좌절당해 안타깝지만, '받아들일 상황'으로 여깁니다. 자신의 마음대로만 할 수 없는 것도 배우지요.

사례에서라면 아이가 물을 가져올 수 있는 상황이었습니다. 그런데 엄마가 못하게 막은 것이지요. 아이가 물을 흘리자 "이제 네가 가서 물 가져와"라고 했으니까요. 아이 욕구를 이해하고, 건강하게 해소할 수 있음에도 결국 혼날 상황을 만든 것은 엄마입니다. 아이를 훌쩍이게 만든 것도, 훌쩍이며 물 마시다 흘리게 한 것도 엄마입니다. 그럴 때 아이를 또 혼내면 아이는 마음 둘 데 없어집니다. 억울함과 불합리를 느낍니다. 이럴 때 얼른 부모의 실수를 인정하세요.

"엄마가 혼내서 미안해."

그리고 아이에게 선택하게 합니다.

"엄마가 다시 가져다줄까? 이번에는 네가 가져올래?"

그다음에는 아이의 선택을 존중하면 됩니다. 만약에 아이가 여전히 삐쳐서 "안 해. 안 마셔" 한다면 그 마음도 존중해 주세요. "알았어, 삐쳐봐야 네 손해지. 맘대로 해"라는 식으로 말한다면 또 혼내는 것이나 마찬가지입니다. 아이의 안 하겠다는 그 마음도 공감해 주세요. 그리고 이런 말로 아이에게 선택할 수 있음을 알려주세요.

"그래, 목마르면 말해줘. 그때는 네가 가서 가져올 수 있어."

공감은 열린 마음을 만들어 '다음'이 있음을 이해하게 합니다. 아이는 자신의 욕구를 좌절당해 삐치고 주눅이 들기도 하겠지만 다시 건강하게 표현할 수 있지요. 아이의 마음에 공감하는 부모는 아이가 하고 싶은 욕구대로 허용하지 않고 해도 되는 것인지, 안 해야 하는 것인지도 두루 살필 수 있게 해줍니다. 아이의 판단 능력과 사회성도 부모의 현명한 공감 안에서 발달합니다.

"하고 싶은데 하지 못해서 안타까워."
"하고 싶었는데, 못하게 돼서 안타깝겠구나."

공감은 상대의 마음을 이해한다는 의미입니다. 그러므로 아이가 하고 싶은 마음을 공감한다면, 하도록 해주는 것도 공감입니다. 그런데 도저히 허용할 수 없는 상황이라면 최소한 '하지 못해서 안타까워하는 마음'을 알아주어야 합니다. 아이의 안타까운 마음을 부모가 알아주면 이후의 일은 순조롭게 풀립니다. 이것이 공감의 힘입니다.

07

자녀와 대화하고
싶을 때

상담 사례 ①

"11세, 7세 아이를 둔 보호자입니다. 첫째 아이와 그동안 잘 지내왔다고 생각하는데, 최근 들어 부쩍 변한 것 같아요. 사춘기 자녀와의 의사소통이 궁금합니다."

상담 사례 ②

"둘째 아이가 초등학교 5학년입니다. 그런데 형과 비교가 될 정도로 사춘기가 일찍 온 것 같아요. 묻는 말에 대답도 안 하고, 훈육도 먹히지 않네요. 분명히 훈육을 하긴 하는데 무슨 말만 하면 "가만 놔둬" "알아서 한다"며 반항만 합니다. 가만 놔두자니

이럴 때는 마음을 알아주세요

답답하고 불안해서 제가 미칠 지경입니다. 어떻게 훈육해야 할까요?"

아이와 대화하고 소통하고 싶은데, 이제 말이 제법 통한다 싶은 시기가 되자 오히려 대화가 안 된다고 고민하는 분들이 많습니다. 그런데 혹시 '대화 = 가르침 = 훈육'이라는 공식을 가지고 대한 건 아닐까요. 그러면 소통이 아니라 '불통'이 됩니다. 이 시기에 훈육하려고 대화하지 마세요. 절대 안 됩니다. 훈육은 고사하고, 부모와의 관계만 멀어집니다. 어떻게 해야 할까요?

초등학교 4학년, 중2보다 더 무서운 사춘기

사춘기를 일컫는 별칭 중에 '중2병'이라는 말이 있었습니다. '있었다'고 표현을 한 건 중2병은 이미 과거형이 되었기 때문입니다. 요즘은 초등학교 4학년 사춘기를 줄여서 부르는 '초4병'이라는 말이 더 익숙해졌습니다. 이제 겨우 초등학교 4학년 아이가 '사춘기'라니 믿어지지 않지만, 아이를 보면 분명히 달라진 면이 보입니다. 가장 큰 변화가 자신은 더 이상 아이가 아니라고 생각하는 태도입니다. 아이의 이 생각을 존중하며 대해야 합니다. 부모가 보기에는 어리고, 아직도 미숙한 면이 곳곳에서 보이지만 훈계와 훈육으로 고쳐놓겠다는 생각은 내려놓으세요. 부모의 마음가짐을 아래와 같이 다시 정립하면 대화로 모든 것이 가능합니다.

1. 아이는 자신을 어린아이가 아니라고 생각합니다.
2. 사춘기 자녀와의 갈등은 이상한 게 아니라 필연적입니다.
3. 아이가 아닌 '아이 뇌'와 대화해야 합니다.

훈육하면 멀어지고, 공감하면 가까워진다

아이의 말이 날카로워지고, 부모의 지시를 거부하며, 스마트폰과 게임에 몰입하는 모습을 보면 부모는 불안하고 답답해집니다. 참으려고 해도 저절로 화가 치밀고, 감정 조절을 하려고 해도 큰소리가 먼저 나옵니다. 아이의 모든 행동이 '문제 행동'으로 보이기 때문입니다. 그런데 '문제 행동'으로만 본다면 부모도 자녀도 힘들어집니다. 문제 행동으로 여기면 부모는 앞뒤 가리지 않고 '훈육'하기 때문입니다. 이 시기에 훈육하는 것은 바둑에 비유하면 최악의 수를 두는 것입니다. 문제 행동이 아니라 '당연한 행동'으로 대해야 합니다. 당연하게 여기면 '이해'가 되고, '그럴 수 있어'라는 '공감'으로 이어집니다.

그럼 부모로서 아이의 무엇을 이해해야 할까요? 이 시기에는 특히 발달 중에서도 '뇌 발달'을 이해해야 합니다. 그래야 '그럴 수밖에 없는' 발달 과정의 특성을 이해하고 존중하며 공감할 수 있습니다.

공감하는 부모는 아이의 뇌와 대화한다

사춘기는 아이의 뇌가 새롭게 성장하는 시기이자, 부모가 '대화'를 통해 아이의 성장을 도와야 할 중요한 시기입니다. 이 시기에는 '자녀의 뇌'와 대화해야 합니다. 자녀의 뇌와 대화할 때 필요한 것이 바로 '공감'이에요.

청소년기는 '두 번째 뇌 발달의 폭발기'입니다. 0~3세에 큰 변화를 겪은 뇌는, 11세 이후에 다시 급격한 발달을 합니다. 이 시기에는 판단력과 조절력을 관장하는 전두엽보다 감정과 충동 영역인 변연계가 더 활발하게 작용하죠. 순간적인 감정에 휘둘리고, 게임과 SNS에 쉽게 몰입하는 이유입니다. 부모가 보기에는 '왜 저렇게 제멋대로일까?' '왜 이렇게 충동적일까' 싶지만, 이는 뇌 발달 특성에 따른 자연스러운 현상입니다. 이때 부모가 해야 할 일은 '잔소리' '통제' '훈계'가 아니라 '공감'을 통한 정서적 안전 기지가 되어주는 것입니다.

- 비난의 말: "넌 도대체 왜 그래?" (NO)
- 공감의 말: "네가 그래서 그렇구나(힘들구나, 잘 안돼서 속상하구나)." (YES)
- 믿음을 전제로 한 공감의 말: "너도 잘하고 싶을 텐데, 마음만큼 잘 안되는 걸 거야." (YES)

뇌 과학 연구에 따르면 부모의 수용적 공감 태도는 안정적인 뇌 발달을 돕고, 조절력과 자기 주도 학습까지 강화합니다. 부모의 공감이 아이에게 최선의 환경을 제공하는 것이죠. 이 시기, 부모와 아이에게 가장 큰 갈등 원인인 공부도 '공감'이 최고의 해결책입니다.

공감하면
학습 능력도 올라간다

많은 부모가 아이가 초등학교 고학년에 들어서면 "이제 공부에 집중해야 한다"며 학습을 강조합니다. 학습 능력은 집중력, 기억력, 언어 능력 등 인지적인 면도 중요하지만 안정감, 동기부여, 부모와의 관계라는 정서적 요인도 매우 중요합니다. 아이의 학습도 '공감'이 기초가 되어야, 아이에게 '열심히 해야겠다'는 의욕을 불러일으킬 수 있습니다. 부모가 훈육을 가장한 통제를 하면 아이는 자신을 믿지 못하고 불안이 커지며, 불안은 학습 능력과 자기 주도성을 떨어뜨립니다.

- 공부를 강요하는 훈계: "지금부터가 얼마나 중요한 줄 알아? 네가 지금 게임이나 할 때야? 공부해 제발!" (NO)
- 뇌 발달을 이해하는 공감: "지금 네가 게임을 좋아하는 것은 자연스러운 거야." (YES)

이렇게 아이를 이해하는 공감의 말로 대화의 문을 열고, 다음 순서로 학습이 얼마나 중요한지 아이의 뇌에 노크해야 합니다. 전두엽은 아직 완성이 안 되었어도, 아이도 공부의 필요성과 중요성을 압니다. 그런데 자신의 의지대로 안 되는 것이죠. 부모가 이를 인정해줘야 합니다. 아이의 마음을 공감하고 아이를 믿는다는 말로 확인시켜 주면 효과가 배가됩니다.

"너도 잘하고 싶을 거야."
"엄마 아빠는 네가 잘할 거라 믿어."
부모의 훈계가 아닌 공감의 말은 '그래, 열심히 해보자'라는 아이의 결심으로 연결되고. 자존감을 올리며 자존감이 높은 아이는 공부할 동기를 스스로 찾게 됩니다.

부모의 공감이 기초가 되면 이 시기 스마트폰, 영상 시청, 게임 몰입이라는 큰 난제도 풀어나갈 수 있습니다. 부모가 자신을 믿고, 자존감을 세워주면 아이는 조절 능력을 회복합니다. 훈육을 가장한 통제로는 불가능하지만, 공감을 바탕으로 하면 가능합니다.

부모가 훈육이라 생각하며 하는 효과 없는 말

"너는 게임이나 하고! 도대체 공부는 언제 할래?" (NO)

✚ 이 말은 훈육이 아니라 비난과 통제일 뿐입니다. 만약에 "게임은 무조건 안 돼"라고 차단하면, 아이는 오히려 부모 몰래 더 하거나 반항적인 태도를 보이게 됩니다.

공감으로 다가가고, 협상을 제안하는 말

"네가 좋아하는 ○○(게임, 영상 시청)도 하고, 네가 해야 할 ○○(공부, 학원, 숙제)도 하자." (YES)

✚ 이렇게 아이가 '좋아하는 것'을 인정하며, '해야 할 것'도 해야 한다는 마음이 들도록 하는 것이 중요합니다.

공감하면 아이의 마음이 열리고, 단지 '문제 행동'으로 보였던 행동의 이면도 파악하게 됩니다. 아이가 영상이나 게임, 스마트폰에 과몰입하는 이유가 공부에 대한 과도한 스트레스, 친구 문제로 인한 불안을 해소하기 위한 출구일 수도 있기 때문입니다.

사춘기 자녀와의 대화법

사춘기 자녀와의 대화, 쉽지 않습니다. 어떻게 대화를 시작해야 할지 고민하는 부모가 많습니다. 사춘기 자녀와 유연하게 대화할 수 있는 몇 가지 방법을 정리해 드릴게요.

첫째, 공감을 먼저하고 조언을 나중에 합니다.

"네가 그래서 그랬구나"라고 먼저 알아주고 공감해 줍니다. 조언할 일이 있더라도 먼저 공감하고, 이후 조언하는 것이 효과적입니다.

둘째, 질문으로 아이 마음에 노크합니다.

"네 생각은 어때?"라며 아이의 의견을 소중하게 여기는 질문을 합니다. 이 시기에는 유아기와는 달리 가르치는 것이 아니라 의견을 묻는 것이 효과적입니다.

셋째, 함께 규칙을 정합니다.

스마트폰, 공부, 생활 습관을 부모가 일방적으로 정해서 통보식으로 하지 말고 아이와 협의합니다. 그러면 자신이 내린 결정에 책임을 느끼기 때문에 실천 의지가 강해집니다.

넷째, 격려와 지지입니다.

"노력하는 모습이 좋다" "스스로 해내려는 게 멋지다"라는 메시지를 자주 전합니다. 못할 때 지적하지 말고, 노력하거나 잘하는 순간을 포착해 주세요.

사춘기, 위기가 아닌 기회다

사춘기는 갈등의 시기가 아니라, 아이가 독립적인 성인으로 성장하는 준비기입니다. 부모가 불안과 통제로 접근하면 갈등의 골이 깊어지지만, 공감과 대화로 접근하면 아이는 부모를 '안전 기지'로 삼고, 의논하며 다시 마음을 다잡습니다.

10세 이전의 아이가 부모의 말과 태도에 영향을 받는 것은 물론이고, 10세 이후의 자녀 또한 부모의 말과 태도에 엄청난 영향을 받습니다. 물리적으로 부모와 멀어진 것 같지만 '뇌'가 부모의 모든 것에 민감하게 반응하기 때문입니다. 부모가 믿고, 기다려 주고, 존중하며 공감할 때 아이는 건강한 성인으로 성장합니다. 부모의 믿음과 존중을 보여주는 가장 강력한 메시지가 바로 '공감'이에요. 사춘기 자녀와 대화와 소통을 할 때 '공감' 말고는 다른 방법이 없습니다.

08

원망하고
핑계 댈 때

"우리 집 문과지? 엄마, 아빠도 수학 못했다고 했지?"

아이가 잔뜩 찌푸린 채 들어오며 말합니다. 엄마는 '또 수학 때문에 문제가 생겼구나' 하며 가슴이 덜컥, 내려앉았지요. 아이가 수학 때문에 절절매는 걸 알기 때문입니다. 그런데 안쓰러운 마음과는 다르게 아이에게 톡, 쏘는 말을 하고 말았습니다.

"왜 또? 넌 왜 맨날 엄마, 아빠 핑계야!

"핑계가 아니라 수학 머리는 부모 닮는 거잖아."

"뭔데? 수학 성적 떨어졌어?"

"몰라, 아무튼 내가 이러다 좋은 대학 가겠냐고."

"초등학생이 왜 맨날 대학 타령이야. 이제 겨우 시작이잖아."

"그러니까 수학 못한 건 인정하는 거지?"

엄마는 이 정도에서 멈춰야 한다고 생각하고 안방으로 들어 갔습니다. 화장대 앞에 앉아 거울을 보니 혼잣말이 저절로 나왔 습니다.

"좀 위로해 주지. 속상하다고 투정부린 건데 그거 하나 못 받 아주고…내가 수학 못한 거 닮은 것 같아 겁나서 그런가?"

위로하고 싶은 마음, 공격하는 말

엄마는 마음과 다른 말이 나와서 속상하다고 했습니다.

- 마음 : '원하는 만큼 수학 성적이 안 나와서 걱정되는구나.'
- 말 : "뭐야? 네가 수학 못하면서 왜 엄마, 아빠 핑계 대고 그래?"

아마 엄마의 마음과 아이가 바란 위로의 말은 같을 거예요. 마 음으로는 '공감해야지' 하면서 정작 입에서는 공격하는 말이 나 올 때는 어떻게 해야 할까요. 간단합니다. '말'이 안 나오도록 해 야 해요. 공격하는 말은 아이를 아프게 하고, 아픈 아이는 자신 을 아프게 한 부모의 말에 더 센 반격을 할 것이며, 부모 또한 멈추지 못할 감정의 가속이 붙기 때문입니다.

특히 아이가 공부 때문에 힘들어하면 부모는 아이 이상으로 걱정되고 속상합니다. 갈등이 고조되고 감정이 걷잡을 수 없이 치닫게 되지요. 이때, 부모가 액셀러레이터가 아닌 브레이크를 밟아야 합니다. 아이는 어려워요. 뇌가 분노에 속도를 내기 때문입니다. 하지만 부모는 가능합니다. 전두엽을 가동해 감정을 조절할 수 있으니까요. 공감해야 하는데 오히려 공격의 말이 나올 때 다음과 같이 해보세요. 분명히 효과가 있습니다.

공격의 말이
나오지 않도록 하려면

아이에게 공격의 말을 하고 싶은 부모는 없을 것입니다. 대부분 감정이 컨트롤 되지 않는 상황에서 자신도 모르게 내뱉게 되는 것이지요. 하지만 공격의 말이 나가고 나면 그 뒤로는 외적으로든 내면적으로든 감정싸움이 될 것이 뻔하기 때문에 최대한 아껴야 합니다. 아래는 공격의 말이 나오려 할 때 실행해야 할 3단계입니다.

1단계. 말을 하지 않는다.

자신도 모르게 나오는 공격의 말을 제지하는 유일한 방법이 입을 다무는 것입니다. 입을 여는 순간, 감정대로의 말이 나옵니다. 이 말이 갈등의 도화선이 됩니다.

2단계. 아이를 바라본다.

쳐다보는 게 아니라 바라봅니다. 쳐다보는 것과 바라보는 것은 눈길의 온도가 다릅니다. 눈길에 '무슨 일인지 말해주렴'의 의미를 담아 아이를 바라보세요. 아이에게 마음을 발산하도록 말할 기회를 주는 것입니다.

3단계. 아이가 말하면 들어준다.

잊지 말아야 할 것은 지금 가장 힘든 당사자는 아이라는 점입니다. 세상에서 가장 믿을 만한 존재인 부모에게 터놓고 불안과 걱정을 토로할 기회를 주세요. 아이가 말하면 우리가 잘 알고 있는 경청의 기술을 발휘해 듣는 거죠. 고개 끄덕이며, "아 그랬구나" 추임새 넣어주며 아이가 끝까지 가슴속의 속상함을 털어놓을 수 있도록요.

1, 2단계는 공감할 여유를 찾아가는 시간이기도 합니다. 2~3 초면 충분해요. 말을 아끼고 기다려준 3초가 어떤 공감의 말보

다 효과가 있을 거예요. 공격할 것인가, 공감할 것인가는 3초가 좌우합니다. 3초의 기다림은 아이로 하여금 자신의 고민과 걱정, 불안을 부모에게 터놓으며 스스로 정리하고, 회복탄력성을 재정비하는 시간을 마련해 줄 거예요.

표정으로 건네는
공감이 필요한 순간

아이가 속상해할 때, 힘들어할 때 "그랬구나"라고 자동으로 공감의 말이 나오면 좋겠지만 부모 평계 대고, 탓하며 자신의 실수와 실패를 부모에게 전가하는 아이를 차분하게 대하는 게 부모로서 쉽지 않을 때가 있습니다. 그럴 때 표정으로 건네는 공감, 말 없는 공감으로 전환하면 됩니다. 부모의 말만이 공감이 아니니까요.

'무슨 일 있었니? 속상한 일 있었구나. 엄마에게 말해보렴.'

이런 마음을 담아 말없이 바라보며 3초만 기다려 주세요.

말은 강력한 힘을 가졌기에 말만으로 아이의 마음을 풀어주고 힘이 나게 합니다. 공감의 말이 그러합니다. 그런데 공감의 순간, 공감해야 하는 것을 알면서 공격적인 말이 나온 경험이 있었다면 그런 실수는 하지 않을 장치를 마련해야 합니다. 아이는 점점 자라고, 아이의 학습 난도는 점점 높아질 것이며 아이의 친구 관계 또한 갈수록 복잡한 문제가 생길 수 있습니다. 그때마다 부모에게 털어놓을 수 있어야 아이가 위로받고 공감받으며 헤쳐 나가고, 극복하고 회복탄력성도 키웁니다. 물론 투정도 하고 핑계도 댈 거예요. 그때, 아이와 같이 격해져서 맞짱 뜨지 말고, 아이에게 말할 기회 주고 맞장구치며 들어주세요. 그러면 진심 어린 공감의 말을 할 수 있습니다.

"그런 일이 있었구나. 그래서 아까 그렇게 말했구나. 엄마가 자칫하면 화낼 뻔했는데 네 말 들으니 얼마나 속상했을까 이해가 돼."

전후 상황을 알면 깊이 있는 공감이 나옵니다. 분노로 공격할 뻔했던 것과는 극과 극의 결과입니다. 말을 아끼고, 표정으로 깊이 있는 공감을 하면 아이는 스스로 추스르고 나아갈 힘을 비축합니다. 그리고 기억의 창고에 저장합니다. '고맙고 존경스러운 나의 부모님'으로.

금지해야 하는 말

아이를 키우며 부모가 가장 많이 쓰는 도구는 '말'입니다. 아이는 부모의 말에서 자신을 봅니다. 부모로부터 멋지다는 말을 들은 아이는 멋진 자신을 봅니다. "네가 자랑스러워" 라는 말을 들은 아이는 자랑스러운 스스로를 보게 됩니다. 부모의 말이 아이의 거울이 되는 것입니다. 부모 말의 영향이 센 만큼, 부모가 무심코 뱉은 말 한마디에 아이 마음의 문이 닫히고, 자존감을 무너뜨릴 수 있습니다. 부모가 습관처럼 쓰는 '금지 말투'를 점검해 보세요.

급한 말투

"알았어, 알았어. 얼른 해준다고!"

"가만있어. 엄마가 해준다고 했지?"

▶ 부모가 바쁘거나 귀찮을 때 종종 나오는 말입니다. 하지만 아이는 부모가 자신을 귀찮아하고 있다고 느낍니다. 아이의 이야기가 사소해 보여도, 잠깐 멈춰 진심으로 들어주는 자세가 필요합니다.

위협하는 말투

"다시는 데리고 오나 봐라."

"이제 네 엄마 안 할 거야!"

▶ 화를 가라앉히기 위해 아이를 겁주지만, 이런 말은 두려움만 남 깁니다. 두려움은 아이를 잠시 멈추게 할 수는 있어도 부모를 믿 고 따르는 마음을 무너뜨립니다.

자조하는 말투

"믿은 내가 잘못이지."

"됐어. 말해봐야 무슨 소용이 있겠니."

▶ 부모의 실망과 무력감이 담긴 말입니다. 아이는 자신이 부모를 계속 실망시키는 존재라 여겨 위축됩니다. 아이의 부족함을 성장 과정으로 받아들이고, 차분히 알려주어야 합니다.

비꼬는 말투

"잘한다!"

"알아서 한다고? 네가?"

▶ 비아냥거림은 아이를 아주 많이 다치게 합니다. "나는 쓸모없는 아이"라는 생각이 자리 잡아 버립니다. 부모의 기대가 담긴 따뜻 한 말이 필요합니다.

무시하는 말투

"알아서 그냥 해!"

이럴 때는 마음을 알아주세요

"할 수나 있는 거야?"

▸ 아이의 말을 대충 넘기거나 무심하게 대답하면, 아이는 더 이상 부모에게 마음을 열지 않습니다. 할 수 있다고 느끼게 하고 귀하게 여겨주는 부모에게 아이는 최선으로 보답합니다.

포기하는 말투

"그래서 되겠어?"

"잘도 하겠다."

▸ 아이의 가능성을 닫아 버리는 말입니다. 부모가 포기하는 순간, 아이도 자신을 포기합니다. 부족해도 '잘할 수 있다'는 믿음을 주어야 합니다.

평가하는 말투

"그러니까 엄마 말대로 했었어야지."

"넌 옷차림이 그게 뭐니?"

▸ 아이의 선택과 외모를 평가하거나 깎아내리는 말입니다. 아이는 주도성과 자신감을 잃고 눈치만 보게 됩니다. 과정을 인정하는 말, 실패를 의연하게 여겨주는 말이 필요합니다.

비난하는 말투

"그럴 줄 알았어."

"제대로 하는 게 없어."

▸ 비난은 아이를 위축시키고 무기력하게 만듭니다. 행동을 지적할

때도 비난하지 말고 차분히 상황을 설명한 후 대안을 제시해야
합니다.

판단하는 말투

"네가 뭘 해!"

"제대로 할 수는 있겠어?"

▶ 이런 말들은 아이의 도전 의지를 꺾고, 실패를 두려워하게 만듭
니다. 아이가 스스로 경험하며 배우도록 기다려 주세요. 부모의
기대와 믿음이 담긴 말 한마디는 아이를 다시 일어서게 합니다.

오늘부터 이렇게 말해보세요.

"할 수 있을 거야."

"엄마는 네가 노력하는 모습이 정말 자랑스러워."

"조금 더 해보자. 도움이 필요하면 언제든 말해줘."

부모의 말이 아이의 자존감을 키우고, 더 단단하게 성장
하게 합니다. 따뜻한 한마디가 아이의 미래를 바꿉니다.

이럴 때는 마음을 알아주세요

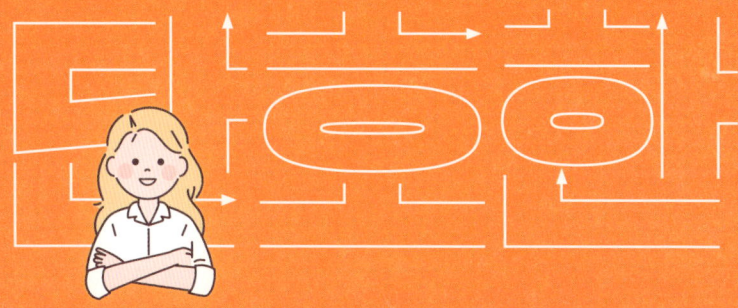

3장

이럴 때는
단호하게 말하고
행동하세요

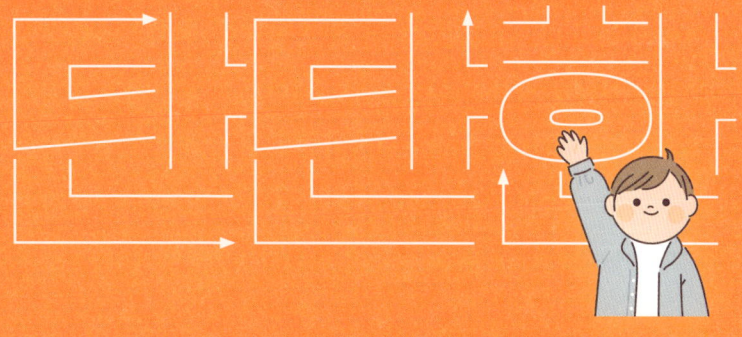

01

위험한 행동을
할 때

아이들은 자라면서 수많은 위험한 행동을 합니다. 그럴 때 부모가 어떻게 대응하느냐에 따라 아이가 '조절감'을 배워나갈 수도 있고, 위험한 행동을 '습관'처럼 반복할 수도 있습니다.

예를 들어 아이가 식탁 의자 위에서 건들건들 장난을 칩니다. "그렇게 하지 마. 넘어지면 다쳐"라고 말해도 아이는 멈추지 않습니다. 의자가 딸깍거리는 소리도 재미있고, 흔들리는 감각이 즐겁기 때문입니다. 그러다 넘어지고 나면 순식간에 울음바다가 되고 말죠. 어느 날은 어린이용 골프채와 스펀지 야구 방망이를 사주었더니, 공만 치는 것이 아니라 인형, 텔레비전, 소파까지 치며 즐거워합니다. 그러던 어느 날, 야구 방망이를 휘둘러 액자를 깨뜨렸습니다. 제풀에 놀란 아이는 울고, 다시는 안 하겠다는 다짐도 받았지만 이런 비슷한 상황은 반복됩니다. 부모는 고민합니다.

'이럴 때는 어떻게 훈육해야 하는 거지?'
'이런 장난감을 사준 것부터가 잘못된 건가?'
'장난감을 갖고 놀지 못하게 치워버려야 하나?'

아이에게는 위험한 행동이 아니라 재미있는 놀이다

아들의 놀이가 점점 과격해져서 걱정이라는 한 엄마는 아이가 소파 위에 거꾸로 매달리며 "나는 나무늘보야!" 하거나 소파에 올라가 뛸 때마다 걱정입니다. "안 돼"라고 외치자니 아이가 놀라서 떨어질까 봐 조심스럽게 다가가 "안 되죠?" 하며 아이를 내리려 하면 더 매달리며 장난을 친다고 합니다. 그러던 어느 날 아이가 나무늘보 놀이를 하다가 쿵, 하고 떨어지자 엄마는 소리를 질렀습니다.

"위험하댔잖아. 말 들으라고 했지? 너 진짜 병원 가고 싶어?"

엄마는 놀라서 남편한테 전화로 울며 이렇게 하소연했습니다.

"아들은 다 그렇게 크는 거라고…맨날 괜찮다고 하니까 더 하잖아. 괜찮긴 뭐가 괜찮아."

소파에 올라가 뛰는 아이, 나무늘보 놀이하고, 야구 방망이를 휘두르는 아이는 자신이 위험한 행동을 한다고 생각할까요? 아마 '재미있다'는 생각만 할 겁니다. 거실에서는 층간 소음을 걱정하며 절대 뛰지 못하게 하는데, 소파에서 뛰는 것은 종종 허용해 주었다면 아이에게 '소파에서 뛰기=위험해'라는 인식보다 '소파에서 뛰기=재미있어'가 훨씬 강합니다. 부모가 보기에는 위험해 보이지만 아이에게는 전혀 위험이 인식되지 못할 수 있습니다. 금지하고 말리다가 지쳐서 "다쳐봐야 알지" "그거 치워버릴 거야"라는 말도 소용없습니다. 어떻게 하면 아이의 위험한 행동을 멈출 수 있을까요?

아이들은 호기심이 강합니다. 게다가 호기심이 생기는 순간, 즉시 행동으로 옮겨 부모가 제지할 사이도 없습니다. 앞서 말한 예를 다시 떠올려 봅시다. 야구 방망이 휘두르기는 아이에게 놀이일 뿐입니다. 3세, 4세 유아에게는 그게 '말썽'이나 '못된 행동'이 아니라 그저 즐거운 놀이 중 하나인 것이지요. 긍정적인 관점에서는 놀이의 확장이며 창의적인 놀이의 시도입니다. 하지만 '위험한 행동'에 해당되므로, 확실한 경계와 지침을 알려주어 아이가 안전하고 즐겁게 놀도록 해야 합니다. 재미있게 노는 아이에게 "위험하다고!" "너 이거 갖다 버린다"라며 아이의 놀이를 혼내듯 금지하지 않을 방법이 있습니다.

첫 번째, 최선의 훈육은 예방입니다.

위험한 놀잇감을 치우거나 환경을 최소화하는 것입니다. 예를 들면 계단과 다용도실의 분리수거함 등은 아이가 접촉할 수 없도록 안전을 확보해 줍니다. "만지지 마, 올라가지 마, 들어가지 마"라는 말을 할 상황을 줄이는 '예방'이 중요합니다. 치울 수 없는 소파의 경우에는 아이가 올라가면 안 된다고 판단했다면 더욱 확실하게 규칙을 알려주어야 합니다. 장난감의 경우에는, 아이가 좋아한다고 해서 사주지만 이후에 사고가 발생할 경우도 예상해야 합니다. 어린이용 골프채와 야구 방망이, 농구공은 처음에는 괜찮을 것 같지만, 결국 아이를 혼나게 만드는 장난감이 될 수 있습니다. 설령 아이가 야구 방망이를 휘두를 만큼 집안 공간이 넉넉하더라도, 점점 그 범위가 넓어지거나 물건을 망가뜨리는 등 위험한 상황이 만들어지니까요. 사주기 전에 아이와 장난감의 용도와 놀이 방법에 대해 충분히 이야기 나누어야 합니다.

두 번째, 아이가 원하는 장난감을 사줄 수밖에 없다면 규칙과 경계를 확실하게 정해야 합니다.

아이용이라 하더라도 야구 방망이, 골프채 등은 부모로 하여 금 "그렇게 세게 휘두르지 마. 조심해서 놀아야지, 위험해"라는 말을 하게 만듭니다. 아이들은 있는 힘껏 휘두르며 놀이를 만끽하니까요. 조심해서 놀 수 있는 장난감이 아닌데 "조심해"라는 말을 한다면 앞뒤 안 맞는 말에 불과합니다. 그렇다고 해서 안전한 장난감만 사줄 수는 없지요. 다양한 놀이를 통해 아이는 성장하고 배우니까요. 중요한 것은 규칙과 경계를 정해주는 것입니다. 그리고 분명하게 알려주세요. 규칙과 경계는 지켜야 한다는 것, 그것을 지키지 않는다면 어떻게 할지 아이와 확실하게 이야기 나누어야 합니다. 사주기 전에 아이에게 장난감의 용도와 놀이 방법을 충분히 이야기 나누었어도, 반복해서 알려주어야 합니다.

세 번째, 규칙과 경계를 벗어나면 바로 훈육합니다.

혼내라는 뜻이 아닙니다. 규칙과 경계를 지키지 않을 때 어떻게 하기로 했는지 상기시키고, 실행에 옮기자는 거예요. 아이가 농구공은 골대에만 던지기로 한 약속을 어기고 다른 데 던졌다면 약속을 한 번 더 상기시키고, 약속대로 공과 골대를 치우는 것이지요. 비난하지는 마세요. 공을 다른 데 던지는 이유는 골대

바구니에 넣는 것이 더 이상 흥미롭지 않거나 새로운 놀이를 시도한 것이니까요. 하지만 부모는 아이의 흥미로운 시도와 위험한 놀이 사이에서 현명한 선택을 해야 합니다. 이미 규칙과 경계를 정할 때 그 선택은 이뤄졌고, 아이에게도 알려준 바 있습니다. 그러면 곧바로 확실하게 실행하면 됩니다. 그게 훈육입니다.

예 아이가 TV를 향해 공을 던질 때

"거기다 던지지 말랬지." (NO)

"이 공은 골대의 바구니에만 던지는 거야." (YES)

"(멀리서, 큰소리로) 한 번만 더 하면 못 놀 줄 알아." (NO)

"(아이에게 다가가 정확하게 놀이 방법을 상기시켜 주며) 이 놀이는 골대에 던지는 놀이야. 만약에 다른 곳에 던지면 더 이상 이 놀이를 할 수 없어." (YES)

이렇게 알려주는 것은 아이의 호기심이 앞선 나머지 놀이 방법을 잊었을 수도 있기 때문입니다. 반복해서 놀이의 규칙과 경계를 알려주는 시간이 필요합니다. 분명한 것은 아이가 잘못한 것에 초점 두는 훈육이 아니라, 아이에게 놀이의 즐거움을 지속시키기 위한 한계와 규칙이 먼저라는 점입니다.

비난이 아닌 훈육이
아이를 성장하게 한다

위험한 행동을 하더라도 혼내고 비난하지 마세요. 아이는 지금 열심히 시도하며 크고 있습니다. 다만 몰라서, 부모가 규칙과 경계를 알려주었어도 호기심이 아이의 여린 기억력을 뚫고 나오는 것입니다. 부모 말을 안 듣고 싶어서도, 무시해서도 아니에요. 그러므로 차근히 다시 반복해서 알려주며 아이가 안전한 경계 안에서 맘껏 놀도록 해주어야 합니다.

무조건 장난감을 치우고, 못 놀게 하며 혼내는 것이 훈육이 아닙니다. 위험이 예상되는 장난감을 무조건 사주지 않는 것도 최선은 아닙니다. 장난감을 사주기 전에 "이건 이렇게 놀아야 해. 여기서만 해야 해. 이렇게 하면 위험해" 등 놀이의 방법을 알려주고, 약속할 수 있느냐고 물어보세요. 물론 아이는 약속을 지키지 않을 수도 있습니다. 놀다 보면 재미있고, 놀이가 점점 더 확장되고 발전하니까요. 그럴 때 부모가 해야 할 일은 혼내고 장난감을 즉시 치우는 것이 아니라, 놀이를 즉시 멈추어 안전을 확보하고, 놀이 방법을 다시 알려주고, 약속을 지키지 않으면 더 이상 놀 수 없다고 분명히 훈육하는 겁니다.

아이에게 "그만해. 위험해"라는 말만 하고 그냥 넘어가지 마세요. 훈육은 부모의 말과 행동이 일치할 때 효과가 있습니다.

말만 하고 실행하지 않으면 신뢰를 잃게 됩니다. 필요하다면 장난감을 아이가 보지 못하는 곳으로 치우세요. 아이가 찾으면 이렇게 설명하세요. "약속을 지키지 않아서 치웠어. 다음에는 어떻게 할 건지 생각해 보고 말해줘." 그리고 아이와 다시 약속을 확인한 후, 장난감을 돌려주는 것이죠. 만약 다시 반복된다면, 이번에는 "이제 이 장난감은 더 이상 사용할 수 없어"라며 단호하게 치워야 합니다.

아이에게는 즐겁고 신나는 놀이가 필요하지만, 그것이 규칙과 한계 안에서 이뤄질 때 더 긍정적인 경험이 됩니다. 규칙을 어겼을 때는 불이익이 따른다는 것을 경험한 아이는 '규칙을 지키지 않으면 내가 좋아하는 것을 잃게 되는구나'를 깨닫게 되고, 자신을 조절할 수 있게 됩니다.

놀이를 통해 배우는 건 즐거움뿐 아니라, 지켜야 할 규칙이 있다는 깨달음입니다. 아이에게 말해주세요. "재미있게 놀 수 있어. 하지만 규칙을 지키지 않으면 더 이상 놀 수 없어." 이 경험이 쌓이면 아이는 '약속을 안 지키면 이 장난감을 가지고 놀 수 없구나'라는 한계를 체감하며 그 안에서 자유롭게 노는 법을 배우게 됩니다. 훈육은 단순히 "안 돼"라고 말하는 것이 아닙니다. 아이가 지켜야 할 규칙을 깨달아 스스로 조절하게 하는 것입니다. 위험한 행동을 할 때는 부모가 단호하고 명확하게 훈육해야 합니다. 아이에게 놀이가 긍정적인 경험이 되려면, 그만큼의 책

이럴 때는 단호하게 말하고 행동하세요

임도 있다는 것을 알려주는 것이지요.

효과 만점 훈육의 말

"약속을 지키지 않으면 이 장난감은 사용할 수 없어."

되는 것과 안 되는 것의 경계를 확실하게 심어주는 말은 아무리 반복해도 지나치지 않습니다. 말하는 부모는 지칠 수도 있지만 그 시간을 견뎌야 합니다. 강조하지만 훈육의 핵심은 반복입니다.

02

타인을 때리거나
물건을 던질 때

아이가 달려오더니 엄마 얼굴을 딱, 때립니다. 아무리 아이지만 제법 아픈 엄마는 아이의 엉덩이를 툭 때리며 말합니다.

"엄마 얼굴 때리지 말랬지. 엄마 아프잖아. 얼굴 때리는 거 정말 나쁜 행동이야. 알았지?"

어느 날은 기분이 좋은지 아빠에게 달려와 머리로 가슴을 세게 박자, 아빠는 "너, 그리지 말랬지! 진짜 혼난다! 너도 한번 맞아 볼래? 이리 와" 하고 소리를 지르지만 아이는 잽싸게 달아납니다. 달아나느라 거실을 다다다다 뛰자 이번에는 뛰지 말라며 혼납니다.

때리는 아이,
확실한 훈육이 필요하다

엄마와 아빠는 과연 훈육을 한 걸까요? 아이가 이런 상황에서 부모로부터 배운 건 조절감이 아니라 순간의 감정적 반응뿐입니다. 엄마는 엉덩이를 때렸고, 아빠는 보복성의 말을 했을 뿐, 아이에게 왜 하면 안 되는지 정확하게 설명하지도 않았고, 행동을 조절하는 법도 가르쳐 주지 않았습니다. 이런 방식으로는 아이의 행동이 고쳐지지 않습니다. 오히려 반복될 가능성이 높습니다.

때리는 아이에게는 확실한 훈육이 필요합니다. "너 왜 때렸어? 엄마 아프댔지? 하면 안 돼! 다음에 또 이러면 너 진짜 크게 혼날 줄 알아. 알았지?" 하고 일방적으로 소리치고 끝내지 마세요. 그건 다만 혼낸 것뿐입니다. 절대 소리치지 말고, '이에는 이'로 대하지도 마세요. 이럴 때는 엄격한 훈육이 필요합니다.

다음 세 가지 방법으로 훈육을 해보세요.

먼저, 아이를 앉히고, 다른 행동을 하지 못하게 어깨를 잡으세요. 아이가 스스로 한 행동에 놀라 도망치다 다칠 수도 있으므로 안전을 위한 조치이며 "엄마가 너에게 중요한 할 말이 있어"라는 메시지를 전하는 신호입니다.

두 번째는 아이를 똑바로 보며 말해주세요.

"때리면 안 되는 거야"라는 말을 천천히, 힘주어, 명확하게 하는 것이 중요합니다. 아주 중요한 말을 한다는 분위기가 아이에게 전해져야 합니다.

세 번째, 아이가 귀엽게 응석 부려도 웃거나 온화한 표정을 짓지 마세요.

아무리 귀엽고 사랑스럽게 애교를 부리더라도 웃음을 보이지 말고, 단호한 표정과 말투로 말해야 합니다.

그런 이후에 이유를 물어보세요. 이유 불문하고 누구든 때리면 안 되는 것이지만, 이유를 듣는 것은 아직 어린아이기 때문에 이유에 따라 적절하게 감정을 표현하는 방법을 알려주기 위해서입니다. 물론, 이번이 처음이 아니고, 이전에도 이런 질문을 했더라도 생략하면 안 됩니다. 늘 이유가 같지는 않으니까요. "왜 때렸어?" 하고 천천히 물어봐 주세요.

이때는 아이를 품에 안거나 아이를 잡고 말하는 것이 좋습니다. 안정감 있는 상태에서 훨씬 전달이 잘 되니까요. '얘가 또 이러네'라는 생각 대신, 지금 상황에 집중해 주세요. 예전에 그랬던 것, 다른 때도 반복했다는 말은 꺼내지 말고, 현재에 집중해야 합니다.

아이에게 이유를 물었을 때, 아이도 왜 그랬는지 몰라 대답을 못 할 수도 있습니다. 그냥 그랬거나 재미있어서 그랬을 수도 있

이럴 때는 단호하게 말하고 행동하세요

어요. 엄마가 좋아서 뛰어와 얼결에 엄마 얼굴을 때린 것일 수도 있고, 때릴 때 엄마의 반응이 재미있어서 그랬을 수도 있습니다. 어떤 이유든 아이의 마음을 들어줄 준비를 하며 아이를 바라보고 이야기하세요.

㉖ 아이 대답: "몰라."

"때려놓고 모르긴 뭘 몰라." (NO)

"어쨌든 때리는 건 안 되는 거야." (YES)

㉖ 아이 대답 : "그냥."

"그냥이라니. 웬 엉뚱한 대답이야?" (NO)

"너는 그냥 그랬어도 엄마는 아파. 때리는 건 정말 안 되는 거야." (YES)

이 말을 하고 아이를 잠시 바라보세요. 아이가 잘 알아들었는지 확인하는 시간이며 아이가 받아들일 시간을 주는 것이죠. 그리고 다시 강조하세요.

"누구든 때리면 안 되는 거야."

혼나고 면죄부 받는 훈육 vs
책임지는 것까지 배우는 훈육

"왜 때렸어?"라는 질문은 시비를 거는 것이 아닙니다. 자신의 행동에 대해 스스로 생각해 보라는 질문이며, 아이 스스로 깨닫도록 하는 질문입니다. 이유가 있든 없든 때리는 것은 절대 안 되는 일임을 깨닫는 시간을 갖는 것입니다. 부모의 일방적인 혼내기와 차원이 다른 훈육법입니다.

"때리면 아프잖아. 너도 맞아볼래?" "왜 이렇게 못됐어? 엄마를 때리면 어떡해." "너도 똑같이 당해봐."

이런 말은 아이에게 자신의 행동을 돌아볼 시간보다 '면죄부'를 주는 것에 그칠 수 있습니다. 실컷 혼났으니까요. 훈육은 '듣기 싫은 말'을 듣는 것으로 끝나면 안 됩니다. 자신의 행동에 대해 돌아보고, 책임을 져야 하는 일이라면 책임지는 것까지가 훈육의 영역입니다. 타인을 때리는 아이에게는 "때리면 안 돼. 엄마가 이유를 물은 건 네 마음을 알고 싶어서야" "때리고 싶어도 절대로 때리면 안 돼"라고 말해주세요.

'절대로'라는 말을 강조하세요. 여지가 없다는 것을 인식시키기 위해서입니다.

그럼 물건을 던질 때는 어떻게 해야 할까요? 이 역시 '그 순간'에 바로 훈육해야 합니다.

이럴 때는 단호하게 말하고 행동하세요

먼저, 아이가 물건을 던졌다면 그 물건을 보여주며 말을 건네세요. 그리고 물건의 용도를 이야기합니다.

"이거 뭐 하는 거지? 그래, 조립할 때 쓰는 블록이야. 던지는 물건이 아니야."

두 번째, 용도를 설명한 뒤 위험성도 이야기해 주세요.

"끝이 네모지고 딱딱하지? 이걸 던지면 다른 사람을 다치게 할 수도 있고, 바닥에 흠집 나고 물건이 깨질 수 있어."

이렇게 아이가 던진 행동이 가져올 수 있는 결과를 구체적으로 알려줘야 합니다.

세 번째, 아이가 책임지도록 해주세요. 장난감의 경우에는 "제자리에 가져다 두자"하고 제자리에 놓게 하는 것이죠. 만약 물건이 깨졌거나 손상됐다면, 아이가 치우도록 도와주세요. "너는 위험하니까 저리 가 있어"하지 말고, 치우기에 동참시켜야 합니다. 자신의 행동이 초래한 결과를 경험하고 책임지게 해야 하기 때문입니다. 엄마가 대신 치워주면 아이는 배우지 못합니다. 물건이 망가져 새로 사야 한다면, 반드시 아이와 함께 가서 고르고, 값을 치르는 모습을 보여주며, 집으로 돌아올 때도 아이가 그 물건을 들고 오게 하세요. 그래야 전 과정을 보며 책임을 배울 수 있습니다.

타인을 때리거나 물건을 던질 때, 아이는 그냥 재미로 했을지라도 그 결과가 복잡하고, 반드시 책임을 져야 한다는 것을 알게 하는 전 과정이 훈육입니다. 아이가 '내가 한 행동에는 책임이 따른다'는 것을 배우도록, 부모는 단호하면서도 차분하게 가르쳐야 합니다.

마지막으로 강조할 것은 아이에게 맞지 말아야 합니다. 만약 피하지 못했다면, 아이를 지그시 잡고 "안 되는 것"임을 천천히, 또박또박 단호하게 말하세요. 같은 행동이 반복되면, 반복해서 훈육해야 합니다. 때리거나 던지는 행동은 '절대로' 해서는 안 되기 때문에 '절대로 하면 안 된다'를 강조하세요. 세상에는 절대 해서는 안 되는 일이 있다는 사실을 아이는 어려서부터 배워야 하니까요. 이를 가장 잘 가르칠 수 있는 사람은 그 누구도 아닌 부모입니다.

효과 만점 훈육의 말

"때리면 안 되는 거야."
"던지면 안 되는 거야."

조건을 불문하고 안 되는 일에는 아이를 설득하거나 타이르기보다 어떤 이유도 정당화될 수 없다는 점을 아이가 인식하는 것이 중요합니다.

이럴 때는 단호하게 말하고 행동하세요

03

밖에서
폐를 끼쳤을 때

아이와 함께 공공장소에 갔을 때, 아이가 다른 사람에게 피해를 주는 행동을 하면 부모는 순간적으로 당황하게 됩니다. 그래서 지나치게 혼내거나 '애들이 그럴 수 있지'라는 생각에 훈육을 흐지부지해 버리기도 하는데요. 이런 상황일수록 훈육의 원칙을 분명히 세워 실천하는 것이 중요합니다. 아이가 폐를 끼쳤을 때 어떻게 훈육해야 할지 다양한 사례로 살펴보겠습니다.

유치원이 끝난 후, 아이가 놀이터에서 더 놀고 싶다고 합니다. 다른 친구들이 놀고 있는 것을 보니까 더 놀고 싶었던 것 같아요. 그런데 신나서 놀이터로 달려간 아이가 놀이 기구를 먼저 타

아이가 타인을 공격했을 때 부모의 반응

려고 앞서가던 친구를 밀쳤습니다. 이런 상황에서는 어떻게 해야 할까요?

언제나 그렇듯, 안전에 관련된 상황에서는 부모가 즉각 개입해야 합니다.

먼저, 상대 아이의 안전을 확인하는 것이 우선입니다.

"괜찮아?" 물어보고, 상대 아이의 몸 상태를 확인합니다.

두 번째, 내 아이에게 가르칩니다.

"○○야, 그렇게 하면 안 돼. 잠깐 내려와"라고 말한 후에 아이에게 상대방을 밀치면 안 된다고 정확하게 가르쳐 주세요.

세 번째, 이유를 듣습니다.

"왜 그랬어?"라고 물으며 아이의 속마음을 들어줍니다.

이 순서를 지키지 않고 무조건 훈육하면 훈육의 효과가 낮아집니다. 대체로 흥분된 목소리로 이렇게 혼내기만 하기 때문입니다.

이럴 때는 단호하게 말하고 행동하세요

"왜 그래? 친구를 밀면 안 되지. 위험하잖아. (상대 아이 보며) 괜찮니? (다시 내 아이를 보며) 친구랑 사이좋게 지내야지, 밀면 어떡해. 얼른 미안하다고 사과해."

어른의 경우에는 이런 말 정도는 당연히 이해하지만, 아이는 그렇지 못합니다. 아이는 지금 친구를 밀어서 당황했고, 엄마가 달려와 혼내므로 긴장 상태이며, 혼내는 말을 길게 들으니 초긴장 상태로 머릿속이 혼란스럽습니다. 이런 상태로는 가르침이 전달되기 어렵습니다.

훈육의 효과가 낮아지는 또 다른 이유는 부모가 본 것이 전부가 아닌데 아이를 몰아붙이기 때문입니다. 아이가 친구를 밀친 이유는 들어주어야 합니다. 이유를 들어주는 것은 다만 공감해주기 위해서가 아니라 억울함을 최소화하는 장치입니다. 혹시 있을 억울함을 알아주고, 이유가 있더라도 밀치면 안 된다는 것을 가르쳐야 합니다. 그렇게 해야 아이는 인격적으로 존중받으면서 규칙을 배워나갑니다. 훈육의 순서가 중요한 이유입니다.

사과할 상황임에도 아이가 사과하지 않는다면 아이를 그 자리에서 데리고 나와 더 이상 놀 수 없게 해야 합니다. 아이가 행동에 대한 책임을 지지 않을 때는 불이익이 있다는 것을 경험하는 것도 훈육이니까요. 이런 과정을 통해 아이는 스스로 조절하고 멈출 수 있는 힘을 키우게 됩니다.

상황과 장소에 따른 훈육

비슷한 상황은 도서관에서도 일어납니다. 아이가 책을 꺼내 들고 이리저리 걸어 다니며 소음을 내거나 큰 소리로 말할 때가 있습니다. 이때 엄마가 "쉿, 조용히 해야지" 한다면 엄마의 "쉿" 소리가 다른 사람들의 신경을 더 쓰이게 할 수도 있어요. 이럴 때는 아이와 함께 조용히 밖으로 나가서 이야기해야 합니다.

"다른 사람들한테 방해되기 때문에 도서관에서는 큰 소리로 말하면 안 돼"라고 분명하게 알려주세요. 이때, 하지 말라고만 하지 말고, 어떻게 해야 하는지도 알려주세요. 단지 금지하는 것이 아니라, 바른 대안을 함께 제시하면 아이가 상황에 맞게 조절할 수 있습니다. 아이가 글씨를 읽을 수 있다면 도서관에서 지켜야 할 안내 사항을 읽어보게 하는 것도 추천합니다.

식당에서 아이가 이리저리 뛰어다니는 경우에는 어떻게 할까요? 그러면 다른 손님에게 방해가 될 수 있고, 뜨거운 음식을 쏟는 등의 사고로 이어질 수 있으므로 아이에게 장소의 특성과 상황을 알려주세요.

"여기는 여럿이 식사를 하는 곳이야. 돌아다니지 않고, 앉아서 식사해야 해."

"우리뿐 아니라 다른 사람들도 있어. 식사를 방해하면 안 돼."

이럴 때는 단호하게 말하고 행동하세요

그리고 위험한 상황이 발생할 수 있다는 점도 함께 설명해 주는 것이 좋습니다. 예를 들어 "뛰다 넘어지면 다칠 수 있고, 뜨거운 음식도 있어서 조심해야 해"라고 구체적으로 알려주면 아이가 더 잘 이해할 수 있습니다. 아이가 이런 내용을 어느 정도는 알고 있더라도 순간순간 호기심과 욕구가 앞서기에 반복해서 친절하게 알려주어야 합니다. 또한 가급적 아이는 좌석 안쪽에 앉도록 해서 부모가 안전하게 통제할 수 있게 하는 것이 좋습니다. 이 방법으로 아이의 안전을 지키고 타인에게 폐 끼치는 일도 예방할 수 있습니다.

특히 공공 예절을 알려주는 것, 그것을 지키지 않았을 때의 훈육은 매우 중요합니다. 아이는 앞으로 다양한 공공장소에서 사람들과 함께 지낼 것이며, 예절을 모르면 사회에 적응하기 어려울 뿐 아니라 자신감도 떨어지고 위축될 수 있습니다.

어디서든 사랑받는 아이, 잘못된 행동에 책임지는 아이

만약 아이가 문제를 발생시켰을 때, 부모가 먼저 "죄송합니다"라고 사과하는 태도는 아이에게 좋은 본보기가 됩니다. 아이에게 "사과드려"라고 말해서 아이가 바로 사과하면 좋겠지만,

강요할 필요는 없습니다. 그러면 훈육 상황이 길어지니까요. 부모님이 얼른 사과하고, "이제부터는 앉아 있어야 해"라고 다시 알려주면 됩니다. '애가 그럴 수도 있지'라는 생각이 들더라도 정중하게 대응하는 태도가 중요합니다. 어디에서든 사랑받는 아이는 잘못한 행동에는 책임지는 것을 배운 아이입니다.

이후 아이를 대하는 부모의 태도도 중요하지요. "너 때문에 창피했어, 다시는 데리고 오지 않을 거야"와 같은 말은 하지 않는 것이 좋습니다. 아이는 이미 충분히 경험했고, 배운 바가 있습니다. 다만 한 번 더 강조해야 한다면 아이를 안아주며 이 말 한마디는 해주세요.

"다음에는 정말 조심하자."

아이를 안으며 건네는 이 한마디에 '너를 사랑하기 때문에, 모두의 안전이 중요하기 때문에 훈육한 거야'라는 마음이 잘 전달될 거예요.

훈육은 아이가 멈춰야 할 순간에 멈추게 하는 것입니다. 하지 말아야 할 행동이 무엇인지, 그 행동이 어떤 결과를 가져오는지, 그리고 그에 대해 부모가 어떤 태도를 보이는지가 모두 훈육이지요. 아이가 밖에서 폐를 끼쳤을 때 부모가 보이는 반응과 적절한 훈육에 따라 아이는 인격과 사회성을 갖춘 사람으로 성장합니다.

04

감정으로 협박하거나
조종하려 할 때

"할머니 미워."

젤리를 더 먹겠다고 하는 손주에게 할머니가 "이거 하루에 한 개만 먹어야 하는 거야. 아까 먹었잖아" 하자 손주가 한 말입니다. 할머니는 '비타민 젤리인데 하나 더 먹는다고 무슨 큰일 나겠어' 생각하고 손주에게 젤리를 건네며 말했습니다.

"딱 한 번만이야. 더 달라고 하면 안 돼요. 알았지? 그리고 할머니 밉다고 하면 안 돼요."

손주가 젤리를 받으며 고개를 끄덕이자, 할머니는 "아이고, 내 새끼. 이뻐라" 하며 안아줍니다.

조부모님 대상 강연 중에 나온 사례입니다. 조부모님들은 손주에게 이런 말을 들을 때 서운하다 못해 '애 본 공, 새 본 공'이라는 말이 실감 난다고 했습니다.

"할머니 미워."

"할머니 저리 가."

"할머니 오지 마."

그러자 다른 조부모님들도 이구동성으로 공감했습니다. 조부모님은 눈에 넣어도 아프지 않을 손주에게 "할머니 좋아"라는 말을 듣고 싶은 것입니다. 그러다 보니 매번 손주가 조르면 결국 허용해 주는 비슷한 상황이 펼쳐집니다. 아이의 감정에 끌려가는 것이지요.

아이들은 '촉'이 발달해 있습니다. 자신이 원하는 것을 어떻게 하면 얻어낼 수 있을지 감으로 압니다.

'이렇게 하면 들어줄 거야.'

'이렇게 말하면 싫어할 거야.'

아이들은 다양하게 시험해 보고, 데이터를 차곡차곡 저장해 적시에 활용합니다. 조부모님은 아이의 레이더망에 가장 정확하게 걸려드시죠. 아이는 압니다. 어떡하면 할머니가 자신의 요구에 약해져서 들어주는지를요.

무한 사랑은 애착 형성 및 정서 안정에 좋지만, 이것이 지나쳐 아이의 감정에 끌려가는 육아를 하게 되면, 아이는 '버릇없는'

아이로 자랍니다. 나쁜 버릇은 쉽게 들여지고 고치기는 어렵습니다. 아이를 버릇없게 만드는 가장 확실한 방법은 아이의 감정에 끌려가거나 조종당하는 것입니다. 아이의 감정에 끌려가는 것은 공감이 아니며, 아이의 감정에 조종당하는 건 아이를 망치는 지름길이기도 합니다. 아이의 감정을 부정하지는 않되, 끌려가면 안 됩니다. 허용하지 않을 요청은 아이의 어떤 위협적인 말에도 거절해야 아이의 조절력과 통제력이 발달합니다.

한 개 더 먹고 싶다고 하면 "한 개 더 먹고 싶어?"라고 그 마음은 인정하세요. 먹고 싶은 것은 훈육할 일이 아니므로, 그 마음은 공감해 주는 거죠. 하지만 "달라"는 건 '거절'해야 합니다. 혼내지 말고 다만 거절하는 것이죠. 안 되는 것이니까요.

"먹고 싶긴 뭘 더 먹고 싶어! 벌써 한 개 먹었잖아. 안 된다고!" (NO)

"한 개 더 먹고 싶겠지만 이건 하루에 한 개만 먹는 거야." (YES)

이렇게 확실하게 말하고 더 이상 이슈를 끌고 가지 마세요. "자꾸 조르면 앞으로 안 사줄 거야"라든가 "안 줘서 화났구나. 미안해"라고 할 필요도 없습니다. 다른 재미있는 활동을 제안하거나 아이의 주의를 환기시키면 됩니다.

'공감'과 '훈육'을 반대되는 개념으로 생각하는 경우가 많습니다. 공감은 아이를 기쁘게 하는 긍정적 관점으로, 훈육은 아이를 힘들게 하는 부정적 관점으로 보기 때문입니다. 공감은 아이의 마음을 어루만지는 반면, 훈육은 대체로 '쓴소리'임에는 틀림없습니다. 그런 만큼 공감과 훈육을 서로 반대편에 놓고, '공감은 공감, 훈육은 훈육'이라고 여기면서 훈육 상황에서 공감하면 안 된다고 생각하기도 합니다. 그러나 공감은 결코 훈육의 적이 아닙니다. 적절한 공감이 훈육을 더욱 효과적으로 만듭니다.

종종 "○○ 주면 밥 잘 먹을게" "○○ 안 주면 밥 안 먹을 거야"와 같은 조건을 내거는 아이가 있습니다.

그런데 '○○은 식사 후에 먹는 것'이라면 아이가 내세운 조건에 휘둘리면 안 됩니다. 이럴 때 "정말? 진짜 밥 잘 먹을 거야?"라며 아이의 말을 들어주는 것이 나쁜 선례가 됩니다. 엄마가 '밥을 잘 먹는 것'을 얼마나 중요하게 생각하는지를 알고 있는 아이는 이를 활용해 조건을 내걸고, 원하는 것을 얻어내려는 전략을 쓰는 것입니다.

만약 아이가 계속 고집부린다면, IF THEN 기법을 추천합니다. 아이가 내세운 "○○주면, 밥을 잘 먹는다" 조건을 반대로 "IF(밥을 잘 먹으면) THEN(○○ 준다)"으로 제안하는 겁니다. 먼저, '밥을 잘 먹는다'는 아이의 말을 강조하며 "밥을 잘 먹는다고?"라고 말하며 기쁜 표정을 짓습니다.

아이가 "응" 하고 답하면 IF THEN 기법의 조건과 결과로 정리해 말해주는 것입니다.

"(자랑스럽다는 듯) 그래, 밥을 잘 먹으면, ○○ 줄게."

IF THEN 기법을 잘 활용한 엄마의 일화를 들려드릴게요.

아이가 "엄마, 나 젤리 주면 밥 다 먹을 거야"라고 하자 엄마는 "젤리는 밥 다 먹은 후에 먹자"라고 합니다. 그러자 아이가 똘망똘망한 눈으로 "엄마, 잘 들어봐. 내가 젤리 먹고 밥 다 먹을 거야!"라고 이쁘게 말합니다.

4세 아이의 귀여운 설득에 '말도 잘하네'라는 생각이 들며 살짝, 봐줄까 했지만 엄마도 웃으면서 이렇게 말했다고 합니다.

"알았어. 우리 ○○한테 젤리 줘야지. 자, 접시에 젤리를 담아 식탁에 둘게. 밥 다 먹은 후에 젤리를 먹으면 되겠다."

엄마는 젤리를 담은 접시를 식탁에 놓았고, 아이는 그 젤리를 보면서 밥을 다 먹었다고 합니다. 이런 방식은 감정의 협박에 과잉 반응하지 않으면서도 아이에게 선택의 기회를 줍니다. 결정 능력을 높이고 욕구를 조절하며 기다리는 연습도 하게 하죠.

반면, "안 된다고 했지? 왜 자꾸 고집부려? 밥 먹고 나서 젤리 먹는 거라고 했지? 밥 먹기 싫으면 먹지 마. 젤리도 안 줄 거야"라고 반응한다면 아이의 고집과 엄마의 훈육이 대치하는 상황만 됩니다.

감정을 조종하려는 아이에게는 권위자의 말을 인용하는 것도 좋습니다. 엄마를 설득할 만한 아이, 부모의 감정을 이용할 정도의 아이라면 권위자인 약사, 의사의 말을 들려주면 좀 더 잘 받아들일 거예요.

"약사 선생님이 밥 안 먹고 먹으면 안 된다고 하셨어" "의사 선생님이 하루에 한 개만 먹으라고 하셨지?"하고 말하면 아이는 '이유'를 받아들입니다. 아이의 감정과 욕구를 무시하는 것이 아니라, 그 욕구를 어떻게 조율할 수 있는가에 집중하는 기술이 필요합니다. 이는 아이가 자신의 욕구를 채우기 위해 상대를 미워하거나 감정적으로 조종하는 것이 바람직하지 않다는 것을 배우는 과정이기도 합니다. 또래와의 사회적 관계에서 "네가 이렇게 안 해주면 너랑 안 놀 거야"라는 식의 화법은 누구에게도 환영받지 못하니까요.

"○○ 안 줘서 할머니 미워" "○○ 안 주면 밥 안 먹을 거야"와 같은 말에 흔들리지 마세요. 아이의 감정 조종에 흔들린다면 자신의 욕구를 위해 누군가를 희생하는 것이 당연하다고 여깁니다. 자존감 낮은 타인 원망형 아이가 되는 것입니다. 반면, 욕구가 하늘을 찌르더라도, 안 되는 것은 안 되는 것이고, 거절당할 수 있다는 것을 받아들이는 아이는 '내 욕구는 내가 스스로 조절하는 것'이라는 자존감 높은 자기 집중형이 됩니다.

훈육에는 '반드시 이렇게 해야 한다'는 경직된 법칙이 있는 것이 아닙니다. 아이에게 더 나은 방법을 제시하고 함께 조율해 나

이럴 때는 단호하게 말하고 행동하세요

가는 것이 훈육입니다. 아이는 '지금'에 충실한 존재라서 '결과 예측'에 취약합니다. 현재 감정에만 충실한 아이에게 부모가 끌려가면 아이는 계속 '지금 욕구'만 채우려 할 거예요. 건강한 성장과는 거리가 점점 멀어지는 것이죠. 아이가 감정으로 조종하려 할 때, 아이는 아직 어린 존재임을 인지하고 끌려가지 않아합니다. 부모는 아이가 감정을 조절할 수 있도록 이끌고, 동시에 아이가 만족과 성취를 경험할 수 있도록 기회를 제공해 주어야합니다. 이것이 아이를 성장으로 이끄는 훈육입니다.

"안 돼"는 부정어가 아니라
안전선

횡단보도 앞, 아이가 엄마에게 길을 건너자고 합니다. 엄마는 아이에게 말했습니다.

"죽고 싶어? 빨간 신호등 안 보여? 죽으면 엄마도 못 봐."

아이는 "죽고 싶어?"라는 극단의 말을 들었는데도 계속 엄마를 졸랐습니다.

"안 죽어. 차 없잖아. 빨리 뛰어가면 되잖아."

엄마는 아이 손을 뿌리치며 혼냈습니다.

"넌 왜 밖에만 나오면 말을 더 안 듣니? 집에 가자. 사주기로 한 것 무효야."

아마도 횡단보도 건너편 어딘가에서 무언가 사기로 했나 봅니다. 아이는 빨리 가서 사고 싶었고, 마침 차도 없으니 졸랐을 거예요.

혼내지도 말고, 공감도 하지 말 것

실외에서 이런 일이 일어나면 참 진이 빠집니다. 이럴 때 어떤 말과 행동을 하는 게 좋을까요? 아래 다양한 말의 종류가 있습니다. 상황이 상황이니만큼 말이 길어지기 쉽습니다. 다급하고 화가 나는 상황이니까요. 하지만 이럴 때 할 말은 혼내거나 공감하는 말이 아닙니다. 어느 때보다 간단하고 명료해야 합니다.

혼내는 말

"지금 빨간 불 안 보여? 빨간 불에는 어떻게 하는 건지 몰라? 너 바보야?" (NO)

공감하는 말

"지금 건너가고 싶구나! 그 마음은 알지만 지금은 안 되는 거야." (NO)

지금 할 말

"안 돼." (YES)

✚ 이때는 "안 돼"라는 말뿐 아니라 행동을 하지 못하도록 아이를 제지
해야 합니다.

아이를 키우다 보면 "안 돼"라고 말해야 하는 상황이 자주 생
깁니다. 하지만 '안 돼'라는 말이 아이 기를 죽이는 것 같고, 자
존감을 떨어뜨리는 것 같아 망설여질 때도 있지요. "안 돼"라는
말을 듣고 아이가 눈치를 보는 것 같아 안쓰럽고 걱정된다고도
합니다. 그러다 보니 "안 돼"라는 말을 해야 할 때 "빨리 가고 싶
구나" "빨리 가서 사고 싶은 마음은 알겠어. 하지만…" 등의 공
감을 하기도 합니다. 하지만 이런 섣부른 공감은 아이에게 자신
의 마음은 인정받아 마땅한 것이라는 오해를 불러일으킵니다.

횡단보도의 신호등이 빨간불임에도 건너고 싶은 마음은 인
정받을 것이 아니라, 애초에 엄두도 내지 않아야 할 마음입니
다. 이건 초콜릿을 먹고 싶은 욕구와는 다릅니다. 그러므로 "빨
리 건너가고 싶구나. 그 마음은 알겠어. 하지만 지금은 빨간색이
지? 건너가면 안 된단다"라는 공감식 훈육은 아이를 위험한 가
치관에 빠지게 하는 방법입니다.

이럴 때는 단호하게 말하고 행동하세요

"안 돼"는 부정어가 아닌
'안전선'

욕구 발생도 습관이 됩니다. 아이의 안전을 지키는 것에 융통성을 두어서도 안 됩니다. 부모의 섣부른 공감은 아이의 위험한 욕구를 부추깁니다. 절대 하면 안 되는 것에는 '하고 싶다'는 욕구조차 일어나지 않도록 어렸을 때부터 가르쳐야 해요. 목숨과 안전에 관련된 것에 양보란 있을 수 없으니까요.

단도직입적 훈육이 필요할 때는 망설이지 말고 "안 돼"라고 말해주세요. 이 말은 아이를 위험에서 지켜줍니다. 아이에게 금지해야 할 행동임을 알려주고, 경계를 알려주기 때문입니다. 결론적으로 부모의 '안 돼'는 아이를 '안전'하게 지켜주는 사랑의 언어입니다. "안 돼"라는 말을 제대로 하는 부모의 아이가 안전하고 건강하게 자라며, 세상에서 환영받는 아이가 됩니다. '안 돼'는 부정어가 아니라 아이를 지키는 '안전선'입니다. 망설이지 말고 말해주세요.

"(아이 손을 꼭 잡으며) 안 돼."

"(아이 손을 꼭 잡으며) 절대 안 돼. 빨간불이야."

"안 돼"의 기준

다양한 육아 상황에서 '먼저 공감하고 안 된다고 알려주는 방식'이 필요할 때도 있습니다. 아이의 욕구를 부정하지 않으면서도 욕구대로만 하지 않도록, 하기 싫어도 의지를 갖고 해내도록 이끌어야 할 때 공감과 설명의 훈육이 필요합니다. 하지만 공감도 설명도 필요 없는, 단호한 '안 돼'가 필요한 순간에는 단도직입으로 훈육하세요. 그런 순간은 언제일까요?

1. 안전과 건강에 관련된 모든 상황

아이가 높은 곳에 올라가려고 합니다. 공감과 열린 질문의 중요성을 알고 있는 부모, 아이의 기를 죽일까 걱정되는 부모는 아이의 마음을 알아주고, 공감하며 접근하려고 합니다.

"거기 올라가면 안 되겠지? 올라가면 안 될 것 같은데?" (NO)

"올라가고 싶구나. 그런데 올라가면 떨어져. 아야, 하지?" (NO)

"올라가면 재미있을 것 같아? 하지만 위험해서 안 돼." (NO)

이 상황은 "안 돼" 훈육의 순간입니다. 아이의 행동을 못하게 막은 것은 기죽인 것도, 자존감 떨어지게 한 것도 아닌, 아이의 안전을 지켜준 것입니다. 단도직입 훈육은 아이의 건강과 안전에 관한 것, 타인의 안전과 관련된 모든 것이 해당됩니다. 다른 아이를 때리거나 밀치고, 물건을 빼앗는 것은 결국 내 아이의 안전은 물론 사회성, 안전한 대인관계와도 연결됩니다.

2. 사회적 규칙과 약속에 관한 것

신호 지키기, 오른쪽으로 통행하기, 차례 지키기 등 사회적으로 합의된 규칙과 약속에 대해 단호하게 가르쳐야 합니다. '만지지 마시오' '올라가지 마시오' '들어가지 마시오' 등 각종 푯말을 보면서 주입시키는 과정이 필요합니다.

3. 반복적으로 알려주었음에도 약속을 어길 경우

아이에게 이미 설명이나 설득을 반복적으로 했다면, 단도직입으로 "안 돼"라고 합니다. 이때 "네 마음은 알겠어. 하지만…"으로 훈육하면 과잉 공감이며 흔들리는 부모의 모습, 권위 없는 부모의 모습을 보여주는 것입니다. 예를 들어 아이가 약속한 시간이 되었음에도 휴대폰을 계속해서 볼 때 "약속한 시간이야. 휴대폰 엄마한테 줘"라고 한다면 아이는 거의 예외 없이 "조금만 더…"라고 반응합니다. 이럴 때 부모가 "더 보고 싶은 마음은 알겠어. 재미있지? 그런데 안 되는 거야. 약속한 시간을 지켜야지 다음에도 할 수 있는 거야. 엄마한테 주겠니?"라고 말하는 것은 효과 있는 훈육이 아닙니다. 지금은 협상도 공감도 필요하지 않습니다. 이때 필요한 것은 약속을 어기려는 태도에 단호하게 접근하는 단도직입의 말입니다.

"안 돼. 약속한 시간이야."

이것이 기준선을 확인시켜주는 훈육입니다. 반복적으로 알려주었음에도 또 다시 선을 넘어가려 할 때 장황한 설명은 필요 없어요. 군더더기 없는 "안 돼"라는 말이 가장 효과 있습니다.

한 가지 주의할 점은 '안 돼'라는 말의 가치를 떨어뜨리면 안 된다는 점입니다. 부모에게는 정확하고도 객관적인 "안 돼"의 기준선이 있어야 하며, 그 기준을 반드시 지켜야 합니다. 안 된다고 해놓고 다시 허용하거나 예외를 두면, 그 말은 효과를 잃습니다. 그 말을 했다면, 그것은 정말 안 되는 것이어야 하며 아이가 그렇게 인식할 수 있어야 합니다.

'안 돼'라고 말해야 하는 대표적인 상황은 아이의 건강과 안전과 직결되는 경우, 꼭 지켜야 할 사회적 가치를 알려줄 때 등입니다. 부모가 진심으로 아이를 위한다는 전제 아래 '안 된다'고 해야 하며, 아이에게 분명하고 일관된 메시지로 전해져야 합니다. '안 되는 것은 안 되는 것'이라는 기준을 경험하게 해주는 것, 이것이 단도직입의 "안 돼"가 가진 훈육 효과입니다.

이럴 때는 단호하게 말하고 행동하세요

훈육해도 아이와 관계는
멀어지지 않아요

Q. 얼마나 반복해야 아이가 바뀔까요? 훈육해도 아이가 변하지 않는 것 같아요.

A. 중요한 건 반복 횟수가 아니라 일관성입니다. 아이는 오늘 당장은 변하지 않더라도, 부모가 같은 기준으로 반복할 때 결국 배웁니다. 한두 번의 실패에 조급해하지 말고, 원칙을 지켜가세요. 하지만 반복에도 원칙이 있습니다. "몇 번을 말해야 알아들어?"라는 말이 아니라, 이번 행동과 사건이 처음인 듯 가다듬고 반복하는 것입니다. 그래야 잔소리가 아닌 진심을 담은 반복의 효과가 나타납니다. 아이의 변화는 단박에 눈에 띄게 드러나지 않습니다. 오늘 심은 씨앗이 내일 바로 열매 맺지 않듯이, 훈육도 시간이 필요합니다. 아이는 조금씩 변합니다. 중요한 건 '오늘 당장 결과'가 아니라 '꾸준히 기준을 세워주는 과정'입니다.

Q. 훈육을 하고 나면 아이와 사이가 멀어질까 걱정돼요.

A. 훈육 때문에 관계가 멀어지는 게 아니라, 원칙 없는 훈육과

부모의 태도 때문에 멀어집니다. 아이에게 '부모가 나를 위해서 하는 것' '나를 안전하게 지켜주고 있다'는 느낌이 훈육에서는 매우 중요합니다. 그러면 "다 너를 위해 하는 거야"라는 부모의 말이 진심으로 전해집니다. 감정적인 부모의 태도와 훈육은 아이와 사이를 떨어뜨리지만 진심을 담은 올바른 훈육은 아이에게 안정감을 주고, 부모와의 신뢰를 쌓는 기회가 됩니다. 훈육은 아이와의 관계를 멀어지게 하는 것이 아니라 부모와 아이의 관계를 단단하게 결속합니다.

Q. 훈육 후 아이가 방에 들어가 문을 잠그거나 삐쳐서 한동안 말을 안 할 때는 어떻게 해야 하나요?

A. 뒤따라 들어가지 말고 아이에게 시간을 주세요. 감정을 정리할 틈이 필요하기 때문입니다. 이후, 아이가 방에서 나오면 따뜻하게 안아주거나, "엄마는 여전히 널 사랑해"라고 한마디 건네는 것으로 충분합니다. 만약에 아이 방에 따라 들어가야 할 이유가 분명하다면, 반드시 노크하고, 아이의 허락을 받고 들어가야 합니다. 이런 부모의 존중이 누적되면 아이가 부모가 대화하다 일방적으로 방에 들어가는 일도 줄어듭니다. 아이가 입을 다물고 있다면 감정을 정리하는 과정일 수 있습니다. 억지로 말을 시키지 말고 "준비되면 이야기하자"라는 짧은 메시지를 전하고 기다려 주세요. 아이가 감정을 스스로 정리하고 돌아올 수 있는 여유를 주는 것이 중요합니다. 부모의 침착한 기다림은 아이에게 안정감을 줍니다.

이럴 때는 단호하게 말하고 행동하세요

완벽한 부모가 되려 하지 마세요

Q. 아이가 훈육할 때마다 울어서 원칙을 지키기 힘듭니다. 계속 단호하게 버텨야 하나요?

A. 네, 원칙은 반드시 지켜야 합니다. 하지만 원칙을 지킨다는 것이 '냉정하게 아이를 외면한다'는 뜻은 아닙니다. 아이가 울더라도 "네가 속상하구나. 하지만 지금은 안 돼" 하고 감정은 공감하되, 행동은 허용하지 않는 태도가 필요합니다. 단호하게 말하면 아이가 상처받지 않을까 걱정하지만 아이는 부모가 일관되게 기준을 지켜줄 때 오히려 안정감을 느낍니다. 순간적으로 기죽은 것 같아도, 장기적으로는 '엄마, 아빠는 믿을 수 있는 사람'이라는 신뢰와 안전한 느낌을 내면화합니다. 사랑이 담긴 부모의 단호함은 아이에게 상처가 아니라 안전하고 편안한 울타리가 됩니다. 단단함은 냉정함이 아니라, 흔들림 없는 따뜻함입니다. 부모가 흔들리지 않고 단단하게 버텨주는 것이 아이를 지켜주는 부모의 훈육입니다.

Q. 훈육 후에 꼭 안아주거나 사랑한다는 말을 덧붙여야 하나요?

A. 상황에 따라 다릅니다. 아이가 혼난 후 위축되거나 부모의 사랑을 의심하는 눈빛을 보일 때는 꼭 확인해 주는 게 좋습니다.

아이를 깊이 안아주며 "너를 여전히 사랑해" "엄마(아빠)는 네가 잘되길 바라서 이야기한 거야"라는 말에 아이는 부모의 사랑을 확인하며 부모와의 사랑의 관계를 다시 회복합니다. 아이는 혼나는 순간에는 부모의 사랑을 의심할 수 있습니다. 그럴 때는 "사랑하기 때문에"라는 메시지와 동시에 "혼낸 건 네 행동이지, 너 자체가 아니야"라고 구분해 주는 것이 중요합니다. 아이는 '나는 여전히 사랑받는다'는 안전감을 느껴야 훈육을 받아들일 수 있습니다. 훈육할 때 소리를 지르거나 감정적으로 대했다면 그 부분은 인정하되, 훈육한 자체를 미안해하지는 마세요. 훈육은 아이를 위해 한 것이 분명하니까요.

Q. 단단한 부모가 되려면 제 감정부터 조절해야 하는데, 화가 나면 쉽지 않아요.

A. 맞습니다. 단단한 부모는 완벽한 부모가 아니라 감정을 관리하는 부모입니다. 화가 치밀 때는 잠시 자리를 벗어나 심호흡하거나 "엄마가 지금 화가 나서 잠깐 마음을 정리하고 올게"라고 말해도 괜찮습니다. 감정을 다스린 뒤 돌아와 원칙을 지키는 것이 단단함입니다. 아이는 감정을 조절하려 노력하는 부모의 모습을 보며 자신의 조절력도 높입니다. 화가 나는 건 어쩔 수 없더라도 '화를 내는 건 조절할 수 있는 부모'를 보며 아이는 "화가 나더라도 네 맘대로 하지 않고 조절해야 해"라는 부모의 가르침도 모순 없이 받아들입니다.

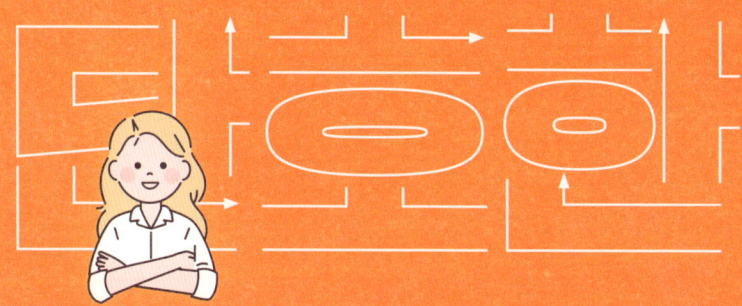

4장

아이의 마음에
공감할 때도
기준이 필요해요

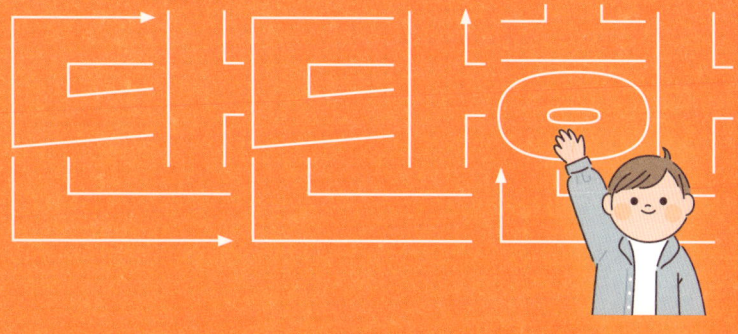

01

아이를 혼란스럽게 하는
지나친 공감

사례 ①

그림을 그리던 아이가 그림이 마음에 안 들었는지 크레파스를 마구 칠하고 도화지를 구깁니다. 옆에서 지켜보던 엄마가 안타까운 듯 아이에게 말했습니다.

"딸, 그림이 마음에 안 들어서 속상했어?"

사례 ②

태권도 승급 심사를 앞둔 밤, 아이가 잠자리에 들지 않고 걱정을 합니다. 엄마는 아이가 안쓰러워 다정하게 말을 건넸습니다.

"아들, 그렇게 걱정돼? 그런데 지금은 자야 내일 일찍 일어나는데… 잠이 안 와? 어떡하지! 내일 아침에 관장님한테 말해줄까? 엄마가 괜히 태권도 하라고 해서 아들을 부담스럽게 했네. 미안해."

공감이 지나치면
의욕 없는 아이 만든다

아이에게는 시기마다 매 순간 해내야 할 크고 작은 과업 Developmental Tasking이 있습니다. 그런데 이런 일들을 하기 싫고, 부담스러워 하며, 스스로 이겨내기 어려워 힘들어하는 경우도 있습니다. 그럴 때 부모는 아이를 위로하며 공감해 주려고 노력합니다. 아이가 무언가 시도하다가 속상해할 때도 부모는 아이의 마음을 어루만지며 풀어주려 공감을 합니다. 그런데 아이를 '걱정'하는 것을 '공감'이라고 오해하는 경우도 꽤 있습니다.

부모는 어떤 상황에서 어떻게 공감할지 판단해야 합니다. 지나친 공감은 오히려 아이를 안일하게 만들고, 주저앉히는 결과를 가져오므로 적절히 공감해야 해요.

마음은 알아주고
방향은 제시하자

　사례 ①처럼 자신이 원하는 대로 되지 않자 그리던 그림에 낙서를 하고, 그것도 모자라 도화지를 구기는 아이에게 부모가 공감하는 것이 적절할까요? 물론 혼낼 필요도 없지만 그렇다고 아이의 마음을 살뜰히 살펴주는 공감의 말은 지나칩니다. 아이 감정이 가라앉길 잠시 기다리거나 거친 행동에 대해 훈육하거나 "다른 종이가 필요하니?"라고 물으며 다시 시도하게 해야 합니다. 아이의 모든 감정과 행동에 공감하고 수용해 주면 아이는 무엇이 바람직한지 알지 못하고, 올바른 감정 표현 방법도 배우지 못합니다.

　내일 태권도 승급 시험 날이라 승급에 대한 압박감에 잠자리에 들지 못하는 아이에게 "부담스러워서 잠이 안 와? 우리 아들 힘들어서 어떡하지? 엄마도 잠이 안 올 것 같아. 엄마가 어떻게 해주면 좋겠어?"라고 말하며 안쓰러워한다면 공감일까요? 엄마는 아이의 감정에 최대한 맞닿으려고 한 말이지만, 이건 공감이 아니라 '걱정'에 불과합니다. 이럴 때는 아이 걱정에 짧게 반응하고, 잠자리에 들도록 해야 합니다. 승급에 대한 압박감을 가진 아이에게 부모가 계속 걱정과 근심을 드러낸다면, 부모의 불안을 아이에게 전이시키는 것입니다. "걱정되긴 뭐가 걱정돼. 너 연습 충분히 안 했구나. 그러니까 걱정만 하지!"라는 말을 해서 아이의 마음을 얼어붙게 하자는 게 아니라 아이의 걱정에 부모의 불안까지 더하지 말자는 것입니다. 감정이입이 섞인 지나친 공감은 아이를 더 불안하게 만들 뿐입니다. 아이의 불편한 감정에 감정이입을 하며 긴 대화를 나누기보다 '자야 한다'는 현실적인 부분으로 접근하는 게 낫습니다. 잘하고 싶어 하는 마음을 알아주는 말 정도면 적절합니다.

"잘하고 싶어서 그렇구나. 그러려면 지금 자야 내일 컨디션이 좋아서 잘할 수 있어."

이렇게 걱정 대신 담담하게 현실적인 부분을 말해주는 것이 아이에게 도움이 됩니다.

그런데 아이의 부담에 부모가 공감만 해준다면 어떨까요? 아이는 '아, 이렇게 해도 이해해 주는구나' '아, 내가 진짜 힘든 거 맞구나' '내일이 안 왔으면 좋겠다. 너무 부담스러워'라는 생각에 점점 더 빠지게 됩니다. 부모의 지나친 공감이 아이가 자신의 행동을 합리화하게 하고, 걱정을 더 키우게 합니다. 또한 지나친 공감이 반복되면 아이는 모든 상황에서 공감받아야 한다고 생각할 수 있습니다. 점점 하기 싫은 상황을 회피하는 심리는 물론, 자기합리화가 습관이 되고, 타인의 위로에 기대는 유약한 사

아이의 마음에 공감할 때도 기준이 필요해요

람이 되는 것입니다.

아이가 헤맬 때
부모의 리더십이 필요하다

아침에 일어나기 싫은 아이에게 "일어나기 싫구나. 어떡하지?"라고 말하는 것은 부모가 속수무책인 상태를 드러내는 것입니다. 학교 가기 싫다는 아이에게 "학교 가기 싫구나! 어떡하지?"라고 안타까워한다면, 아이는 마땅히 해야 할 일을 '선택할 수 있다'고 오해합니다. 부모의 공감에 아이는 더욱 혼란스러워질 뿐이죠. 부모는 아이가 혼란스러워하고, 헤매고 있을 때 공감해 주는 것이 아니라 "이렇게 해야 해"라며 방향을 제시해 주어야 합니다. 부모가 리더십을 발휘해야 하는 순간이죠.

절제해야 할 욕구에 공감만 해준다면 아이는 조절력을 기를 수 없습니다. 아이가 당연히 해야 할 일을 미루고 있는데 공감만 해주면 아이는 '발달 과업'을 이룰 수 없습니다. 부모의 지나친 공감은 아이에게 '안 해도 괜찮을 것 같네' '그래, 힘드니까 하지 말자'라는 나약한 마음을 갖게 합니다. 공감이 아닌 냉철한 방향 제시가 필요한 이유입니다. 그럼에도 어떤 부분을 공감하고,

어떤 상황에서는 공감하지 않아야 적절한지 헷갈린다면 아이가 유독 하기 싫어하는 일의 리스트를 만들어 보면 도움이 됩니다.

공감하면 안 되는 때

걸음마를 시도하는 아이가 엉덩방아 찧으며 울고 있을 때, "아이고 딱해라. 우리 아기. 엉덩방아 찧어 아프지. 걷는 건 힘든 거니까 안 걸어도 돼. 앉아 있으렴" 하는 부모는 없을 거예요. 이건 공감이 아니라는 것을 어느 부모든 확실하게 알고 있습니다. 아이가 학교에 가기 싫다고 할 때 부모는 "그래, 학교 가기 싫구나. 그 마음 이해해. 안 가고 싶으면 안 가도 돼" 하면 안 된다는 것도 압니다. 그래서 단호하게 "가야 한다"고 말하죠.

하지만 가끔은 부모도 헷갈립니다. 가기 싫은 마음도 이해해 주고, '가야 한다'는 것도 알려줘야 할 것 같으니 말이죠. 그래서 "가기 싫으면 어떡할 건데? 안 갈 수는 없잖아. 안 그래? 네 생각은 어때?" 하며 열린 질문과 청유형으로 말해서 아이를 더 헷갈리게 합니다.

아이가 '반드시 해야 할 것'에는 공감을 앞세우거나 아이 의견을 물으면 안 됩니다. 공감할 때 공감하고, 그렇지 않을 때는 공감을 내세우지 않아야 합니다. 공감하지 않을 상황에서 공감하

　　아이의 마음에 공감할 때도 기준이 필요해요

면 아이의 건강한 성장을 가로막습니다. 아이에게 이런 패턴이 형성되기 때문입니다.

'힘들면 위로받아야 해.'

'어려운 일은 안 해도 돼.'

세상은 일일이 아이의 감정을 보살피고 어루만져 주지 않습니다. 아이는 어려운 일도 참고 해내야 합니다. 부모는 아이에게 그래야 할 필요성을 알려줘야 하지요. 그런데 부모의 지나친 공감은 이를 방해합니다. 아이가 힘들어서 회피하고 싶어할 때 그 마음을 이해한다면 이는 공감이 아니라 아이에게 더 큰 혼란을 안겨주는 일이 됩니다. 이럴 때는 공감이 아니라 확실한 '방향 제시'가 아이에게 도움이 됩니다. 좌절을 이겨내고 회복 탄력성을 발휘해 마침내 해내는 조절력 높은 아이가 되게 하려면 부모가 걱정과 공감을 구분해야 합니다.

주저앉히는 게 아니라
일으켜 세우는 게 공감이다

공감은 단지 위로가 아니라 힘이 되어주는 것입니다. 아이로 하여금 참아야겠다고 결심하게 하는 힘, 나아가는 힘, 해내도록 하는 힘을 주는 게 공감입니다. 불필요한 공감, 과잉 공감은 아이를 주저앉게 합니다. 욕구의 소용돌이에 휩쓸릴 때 아이의 손을 잡아 일으켜 세워주세요. "어떡해, 네가 힘들겠구나"라는 말이 아니라 "가기 싫어도 가야 해" "힘들지만 해야 하는 거야"라는 말로 결론을 정해 주는 것이 아이에게는 더 큰 안정감을 줍니다.

긴 걱정의 말

"어떡하지? 힘들어서 어떡하니? 그렇게 부담스러우면 하지 말까? 네 생각은 어때?" (NO)

짧은 방향 제시의 말

"그래, 부담되지만 열심히 해보자." (YES)

지나친 공감의 말

"떨어질까 봐 걱정되는구나. 엄마도 걱정돼. 우리 아들 힘들어서 어떡하니?" (NO)

잘하고 싶은 마음을 인정해 주는 말

"잘하고 싶어서 그럴 거야. 내일 잘해보자. 파이팅." (YES)

"어떡해? 하기 싫구나"로 끝내면 공감이 아닙니다. 부모는 아이에게 끌려가지 말고 아이를 이끌며 때로 결론을 내려줘야 합니다. 공감하지 않을 상황에서 공감해 준다면 아이는 하지 않아야 할 일을 거침없이 하고, 당연히 해야 할 일을 쉽게 포기하게 됩니다. 지나친 공감이 아이를 혼란스럽게 하고, 무기력하게 하며 결국은 무능하게 만드는 것이죠. 아이에게는 마음을 알아주는 부모, 동시에 혼란스러울 때는 명쾌하게 정리해 주고, 헤맬 때 손을 잡아 이끌어 주는 부모가 필요합니다.

02

공감을 위한
사랑의 세 가지 기술

아이가 습관처럼 짜증 내고 떼를 쓰는 경우가 있습니다. 이때 부모는 '또 시작이네' '도대체 왜 저러는 거지?'라는 답답한 마음이 듭니다. 부모 또한 습관적으로 짜증이 나서 이렇게 말하기도 합니다.

"왜 또 우는 거야?"

"누가 자꾸 짜증 내고 있지?"

부모의 이런 표현은 아이가 '아무 이유 없이' 그런다고 확신하기 때문입니다. 하지만 아이에게는 분명한 이유가 있어요. 가장 큰 이유는 '자기 뜻대로 되지 않기 때문'입니다. 그런데 아이로서는 그 이유를 자세히 설명할 능력이 없으니 자기 방식대로 표

아이의 마음에 공감할 때도 기준이 필요해요

현하는 겁니다. 짜증 내기, 신경질 부리기, 투정 부리기, 징징거리기로 자신의 힘든 마음을 표현하는 거죠. 부모는 매번 반복되는 아이의 '이유 없는' 투정에 화가 나지만 아이는 자신의 '이유를 알아주지 않는' 부모에게 화가 납니다. 엄마는 엄마 방식대로 강력히 제압하죠.

"너, 자꾸 그러면 이제부터 엄마 아들 아니야."

이런 말은 아이를 더 격하게 만들 뿐입니다. 아이는 '자신 좀 봐달라고' '내 마음 알아달라고' 표현한 건데, 부모는 위협과 질책으로 일관하고 있으니까요. 이럴 때는 다음 세 가지 전제로 아이 마음에 다가가야 합니다.

아이 마음에 다가가는 법

1. 아이의 모든 표현에는 이유가 있다고 여긴다.
2. 그 이유를 알기 위해 귀를 기울인다.
3. 매번 같은 이유가 아닐 거라고 부모 자신을 설득한다.

위 세 가지 전제가 갖춰질 때, 아이 마음을 읽어주고 제대로 공감할 수 있어요. 그렇지 않으면 마음을 대충 읽게 되거나 결코 이해할 수 없으니까요.

공감은 아이 마음 이해를
전제로 한다

욕구가 좌절될 때, 부모의 관심을 받고 싶을 때 아이는 자기 방식대로 표현합니다. 부모의 관심을 받지 못하면 어떤 행동을 해서라도 관심을 받으려고 하죠. 그런 행동을 하면 부모가 알아주어야 하는데 아이는 오히려 '나쁜 아이'가 됩니다. 부모가 아이에게 "그러면 나쁜 거야" "그런 나쁜 말 하면 안 되지"라고 반복해서 각인시키기 때문입니다. 아이 스스로 '나쁜 아이'라고 낙인찍기 전에 부모는 아이의 마음을 읽어주어야 합니다. 아이의 마음을 읽으려면 부모의 생각을 가다듬는 게 우선입니다.

아이가 이해할 수 없는 행동을 하는 이유가 있다고 여기는 부모의 자세는 아이의 눈물과 짜증, 떼쓰기에도 흔들리지 않을 강력한 방패가 됩니다. 또한 아이의 말과 행동에 흔들리지 않으면서도 공감의 탄탄한 기초를 마련하는 태도입니다.

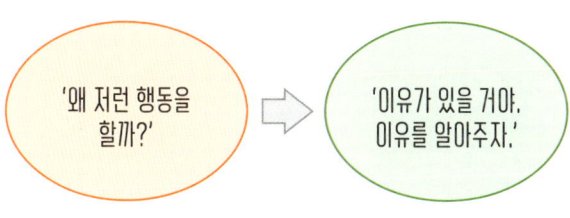

아이가 떼쓸 때 부모가 가져야 할 생각

아이 마음을 읽지 않고 하는 공감은 '거짓 공감'입니다. 아이 마음을 이해하지 않고 하는 훈육은 부모의 힘으로 아이를 제압하는 '거짓 훈육'입니다. 부모의 시도와 노력이 물거품이 될 뿐 아니라 아이에게 마음의 상처를 입히게 됩니다. 어떤 아이는 자신이 상처 입은 것을 부모에게 보여주려고 자라면서 점점 더 거친 행동을 하고, 학업에 전념할 시기에는 무기력한 모습을 보여주기도 하죠. 아이가 자신을 망치면서까지 부모에게 상처받았음을 온몸으로 보여주는 것은 아이러니하게도 부모를 사랑하기 때문입니다. 사랑받고 싶은 마음을 부정적인 방식으로 드러내는 것입니다.

마음과 마음이 통하는 공감의 세 가지 기술

공감이 아이를 격려하고 힘 나게 합니다. 아이의 마음에 공감하려면 다음 세 가지를 꼭 기억해 주세요.

첫째, 마음 읽어줄 때는 '마음'에만 초점을 맞춥니다. 아이가 원하는 것은 자신의 마음을 이해받고 공감받는 것입니다. 아, 다르고 어, 다르듯 부모가 말하는 톤이 아주 중요합니다.

"네 마음은 알겠지만, 그렇다고 울고불고하면 안 되지!" 이 말

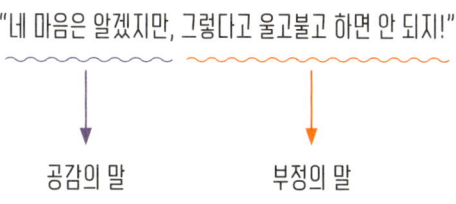

아이를 혼란스럽게 하는 어정쩡한 공감

은 "네 마음은 알겠지만 울지 말고 말해줘"라는 것과는 전혀 다릅니다. 말투에서부터 분명한 차이가 있습니다. 이 말을 분석하면 더 명확한 모순이 느껴집니다.

"네 마음은 알겠어"는 마음을 이해해 주는 공감의 말이지만 "그렇다고 울고불고하면 안 되지"는 마음을 부정하는 말입니다. 공감과 부정의 묘한 뉘앙스는 아이를 헷갈리게 합니다.

둘째, 공감할 때는 '공감'에만 초점을 맞춥니다. 공감은 조언이나 잔소리가 아닙니다. 이런 것은 마음을 읽는 데 방해만 됩니다. 부모가 전하고 싶은 메시지보다 아이가 지금 원하는 것을 먼저 안겨주세요. 그다음에 부모가 알려줄 것을 차근히 알려주어도 늦지 않으니까요.

셋째, 이유를 들어봐서 허락해 준다면, '다른 말'은 덧붙이지 않습니다.

예를 들어 "그래서 울었구나. 울지 않고 말로 하면 엄마가 들어보고, 허락할 수 있는 거면 허락할 거야"라고 말할 경우도 있

아이의 마음에 공감할 때도 기준이 필요해요

습니다. 엄마가 바빠서 아이의 말을 지나쳤거나 잘 들어주지 않아서 울었는데, 아이 말을 들어보니 마음도 이해되고, 허락할 수 있는 일이라면 기꺼이 허락해 주세요. 이때 또다시 단서를 붙이거나 억지로 약속을 받아내지 마세요.

"좋아. 이번에는 네 마음대로 하게 허락할 거야. 대신 다음에는 울지 말고 말해. 울면 다음에는 절대 안 들어줄 거야. 알았지? 약속!"

이 말은 아이가 울지 않고 마음을 잘 표현하기를 바라며 한 말이지만 안 하는 게 낫습니다. 잘 통하려던 마음에 이물질이 끼게 되니까요. 아이의 마음을 살핀 후, 그 마음이 이해되어 허락할 때는 기꺼이 허락만 하세요.

마음을 알아주면
마음이 바뀐다

"사람 안 바뀐다"는 말이 있지만 '바꾸고 싶게 만드는 방법'은 얼마든지 있습니다. 마음을 읽어주고, 마음을 알아주는 것이죠. 사랑한다면 마음을 읽어주세요. 위협과 비난으로 억지로 바꾸려 해도 바뀌지 않던 아이가, '이유가 있을 거야'라는 마음으로 대하면 달라집니다. 아이가 마음을 표현할 때 '말도 안 되는 이유'가 아니라 '그럴 수도 있었겠구나'라고 생각하며 들어주세요. 그렇게 진심으로 아이의 마음을 헤아리면, 아이는 설령 자신의 마음대로 되지 않아도 결국 '납득'하게 됩니다.

아이에게서 보고 싶은 모습을 부모가 먼저 보여주면, 아이도 그 모습을 보며 조금씩 자신을 바꾸게 될 것입니다. 부모는 아이가 스스로 마음을 바꾸고 싶게 만드는 존재, 닮고 싶게 만드는 존재입니다. 또한 아이에게 부모는 자신의 마음을 있는 그대로 보여주고, 마음을 다해 사랑하고 싶은 유일한 존재입니다.

아이의 마음에 공감할 때도 기준이 필요해요

03

조절력을 기르는
구체적인 공감

　부모의 공감이 아이의 마음에 미치지 못하거나 지나치면 아이 마음을 어루만지지 못합니다. 아이 마음에 닿지 않는다면 공감은 부모의 만족에 그치고 맙니다. 공감은 아이를 위로하고 격려하며 다시 추스를 수 있는 힘은 물론, 참고 해내는 조절력까지 길러줄 수 있습니다. 그런 만큼 공감을 잘해줘야 해요. 막연한 공감이 아니라 구체적인 공감, 마냥 아이의 기분에 맞춰주는 공감이 아닌, 기준 있는 공감을 해야 합니다.

　예를 들어, 열심히 공부하는 아이가 있습니다. 시험이 가까워졌고, 아이는 초조해져서 이렇게 말합니다.

"내가 이렇게 공부하지만 과연 성적이 좋을까?"

"내가 공부한 데서 시험 문제가 나올까?"

이럴 때 "시험공부하는 거 어렵지? 그래도 잘될 거야" "너 잘하잖아. 잘해놓고 왜 그렇게 자신이 없어? 자신감을 가져봐"와 같은 반응은 사실상 공허한 공감에 그칩니다.

시험을 앞두고 불안해하는 아이는 많습니다. '내가 하는 방식이 맞는 건가?' '혹시 시험에 안 나오는 부분만 공부한 건 아닐까?' '성적이 안 나오면 어쩌지?' 아이가 이런 걱정을 할 때 "괜찮아, 잘할 거야" 같은 추상적인 말보다 구체적인 공감이 아이에게 자신감을 줄 수 있습니다. 아이는 불안할 때 위안받고 싶은 마음과 동시에 스스로 힘을 낼 단서를 찾고 싶은 마음이 듭니다. 이럴 때 공감의 기준은 아이의 불안한 마음이며, '불안함'을 '편안함'으로 바꾸어 줄 구체적인 공감이 필요합니다.

"하루에 5시간씩 자면서 열심히 공부했으니 그것만으로도 실력이 향상됐을 거야" "시험 범위 안에서 집중해서 공부했잖아"와 같은 말은 아이의 걱정하는 말을 근거로 한 공감의 말입니다. 지금 아이가 고민하고 걱정하는 것에 초점을 두어 공감해야 아이 마음에 연결됩니다. 반면에 아무리 멋진 공감의 말이라도 아이의 마음에 가닿지 않으면 공허한 말에 불과하지요.

아이의 마음에 공감할 때도 기준이 필요해요

막연한 공감의 말

"과정이 좋으면 다 좋은 거지 뭐." NO

"걱정하지 마. 잘될 거야." NO

부모 자신을 위로하려고 하는 말

"엄마는 널 믿어." NO

"잘 볼 거야. 잘 되겠지." NO

조절력을 인정하는 공감의 말

"놀고 싶고 자고 싶었을 텐데 참고 열심히 한 그 자체가 훌륭해." YES

"며칠 동안 보여준 너의 노력하는 모습이 참 멋졌어." YES

가장 효과적인 공감은 아이가 듣고 싶은 말을 하는 것입니다. 아이에게 물어보면 더 적절한 공감을 할 수 있습니다.

"어떤 결과가 나왔으면 좋겠어?"

이 질문에 대한 아이의 대답을 듣고 공감하면 아이의 마음에 가장 근접한 공감을 할 수 있습니다. 그러면 아이는 안정감과 동시에 자신이 참고 열심히 한 것에 대한 자기 효능감도 얻게 됩니다.

이때 주의할 점은 결과가 좋았으면 하는 아이에게 "결과가 뭐가 중요해. 과정이 중요하지"라며 아이 마음에 엇나가는 공감을 하지 않아야 합니다. 그러면 아이는 '우리 엄마는 지금 무슨 말을 하는 거지? 나는 결과가 중요한데 안 중요하다니!'라는 반감만 갖게 합니다. 결과보다 과정을 칭찬하라는 육아 이론에 따르기보다 현재 아이의 마음을 듣고, 그에 맞게 공감해 주세요. 무조건 "파이팅"을 외치거나 막연한 위로나 예측을 하는 것이 아니라 아이가 실제로 노력해 온 부분에 대해 구체적으로 짚어주면서 안심시키는 게 효과적입니다. 그러면 아이는 자신이 실제로 해온 과정을 떠올릴 수 있어 막연한 걱정에서 벗어나 이렇게 생각하게 될 겁니다.

'시험 범위도 정확히 알고 있고, 잠도 줄였고, 먹는 시간도 아꼈고, 노는 시간도 절제했고, 잘 참으며 노력했어. 내 과정은 근사했거든. 엄마 말대로 그 과정 자체가 중요한 거야.'

공감에도
기준이 있어야 한다

아이들은 살아가면서 참 많은 시험대에 오릅니다. 시험, 발표, 친구 관계 등 걱정거리가 꼬리에 꼬리를 물고 이어지지요. 그런데 그때마다 "속상하구나" "힘들구나"라고 공감만 해주면, 아이는 오히려 더 불안할 수 있습니다. 아이가 스스로 '나 열심히 했

아이의 마음에 공감할 때도 기준이 필요해요

지' 하고 떠올리며 자신감을 회복할 수 있어야 하는데, 부모가 끊임없이 걱정하고 염려하는 모습만 보이니 더 불안해지는 것입니다. 그런 상황이 반복되면 아이는 조절력을 키우기 어려워집니다.

마음을 어루만지는 공감, 자신감을 불어넣는 공감, 조절력을 확인시켜주며 칭찬해 주는 공감, 어느 쪽이든 아이가 받아들이기 쉽게 해주는 것이 핵심이에요. 불안은 안심으로, 칭찬이 필요하면 칭찬으로, 위로가 절실할 때에는 다독이는 위로의 공감으로 다가가세요. 부모가 해주고 싶은 공감이 아니라, 아이가 원하는 공감이 기준이 될 때 아이는 스스로 감정을 조절하고, 생각을 정리하며, 행동까지 조절하는 힘을 갖게 됩니다. 그렇게 자란 아이는 실패 앞에서도 쉽게 무너지지 않습니다. 오히려 실패 속에서 배운 것을 자산으로 만들 수 있게 됩니다.

이렇게 얻은 자산은 단순히 공부나 시험뿐 아니라 일상에서 느끼는 부정적인 감정, 친구와의 갈등, 여러 좌절을 이겨내는 능력까지도 포함됩니다. 조절감이 있는 아이는 결과가 좋든 나쁘든, 이해하고 받아들입니다. 이는 아이의 마음을 헤아리는 부모의 '적극적인' '적절한' '기준 있는' 공감에서 시작됩니다.

04

무책임을 가르치는
지나친 공감

아이가 빵집에서 손으로 빵을 누르고 있습니다. 바스락거리는 비닐 소리도 흥미롭고, 빵이 쏘옥 들어가는 게 재밌는지 빵을 누르며 "엄마 이거 봐" 합니다. 엄마가 "응? 왜?" 하며 관심을 갖자 아이가 "이거 누르면 쏙 들어갔다 나온다? 신기해!" 하면서 다른 빵을 누릅니다. 아래 아이와 엄마의 대화를 한 번 볼까요?

엄마: 그게 그렇게 재밌어?

아이: 응.

엄마: 그래도 그러면 안 돼.

아이: 왜?

아이의 마음에 공감할 때도 기준이 필요해요

엄마: 이거 우리 거 아니잖아.

아이: 응, 근데 재밌어.

엄마: 재밌어도 그만해. 우리 거 아닌 건 만지면 안 돼.

아이: 우리 거만 만지는 거야?

엄마: 그럼. 남의 건 만지면 안 되지. 이제 빵 고르자. 우리 ○○ 어떤 거 먹고 싶어?

이렇게 대화를 나눈 후 엄마와 아이는 즐겁게 빵을 고르기 시작했습니다. 부드럽게 이어지는 위 대화를 보고 잘 대처한 것이라 생각할 수 있겠지만, 엄마는 '그렇게 재밌어?'라는 아이의 행동에 공감하는 말이 아닌, 처음부터 단호하게 "안 돼"라고 말해야 했습니다.

이런 상황에서는 아이에게 가르쳐야 할 것이 한 가지 더 있습니다. '책임을 가르치는 훈육'입니다.

긴 공감이 아닌
짧은 훈육

"하나는 알고, 둘은 모른다"는 말이 있습니다. 육아에서 이 속담을 적용한다면 '공감은 알지만, 공감하면 안 되는 상황은 모른다'가 될 듯합니다. 공감과 훈육의 갈림길에서 부모는 종종 혼란에 빠지기도 합니다. 그래서 공감하지 않아야 할 때 공감하거나 훈육해야 하는데 공감만 하고 끝내는 경우가 있지요.

공감이 지나치거나 훈육할 상황인데 공감으로 끝내면 아이에게 가르쳐야 할 것을 가르치지 못합니다. 전혀 의도하지 않았지만 아이에게 무책임을 배우게도 합니다.

사례에서의 엄마는 아이와 '공감 대화'를 잘하는 친절하고 따뜻한 엄마입니다. 하지만 그 상황은 '공감 대화를 하면 안 되는 상황'입니다. 아마도 엄마는 "재밌어도 만지면 안 돼. 우리 거 아니잖아"라는 말로 충분히 아이에게 옳고 그름을 가르쳤다고 생각했을지도 모릅니다. 비닐에 포장된 것을 눌러서 제품을 크게 손상시킨 것도 아니니 훈육할 상황이 아니라고 생각했을 수도 있습니다. 하지만 분명 잘못된 행동이므로 사례의 경우에는 긴 공감 대화가 아닌, 짧은 훈육으로 시작해야 합니다.

아이에게 얼른 다가가 빵을 누르지 못하게 하면서 이렇게 말하는 거예요.

"안 돼! 누르면 안 돼."

아이가 더 이상 빵을 누르는 행동을 하지 않도록 제지하는 것이 중요합니다. 그리고 아이가 누른 빵이 더 있는지 살펴본 후에 그 빵들을 가리키며 이렇게 말하는 거죠.

"이 빵 우리가 다 사야 해."

훈육은 '책임감'을
포함한다

훈육은 옳고 그름, 되는 것과 안 되는 것 등을 가르치는 것입니다. 물론 훈육 전에 공감이 필요한 상황도 있습니다. 하지만 사례의 경우는 공감 상황도 아니며, 말로만 훈육할 상황도 아닙니다.

책임까지 포함하는 훈육 순서

1. 만지지 못하게 제지하며 '행동'으로 훈육하기
2. 안 되는 행동임을 '말'로 알려주기
3. '책임'지는 모습으로 훈육 마무리하기

아이는 내 것과 타인의 것을 알지만, 헷갈려 하기도 합니다. 만져도 되는지 만지면 안 되는지를 구분하지 못할 때도 있습니다. 문구점에서 이것저것 만지듯 빵을 만지고, 마트에서 이 물건 저 물건 고르듯 눌렀을 수도 있어요. 그러므로 "야, 너 그거 누르면 어떡해!"라고 야단치지 마세요. 그러면 대화만 길어집니다.

훈육이 되지 않는 대화

엄마: 야, 그거 누르면 어떡해?

아이: 왜? 재밌잖아.

엄마: 재밌다고 누르면 돼?

아이: 안 돼?

엄마: 그걸 말이라고 해? 안 되지. 빵이잖아.

혹시 이렇게 "안 돼"라고 했으니까 충분히 가르쳤다고 생각했다면, 아닙니다. 공감 대화도 길게 하지 말고, 야단도 치지 말고 짧게 가르쳐 주세요.

아이는 자신이 원하는 빵을 사지 못해서 툴툴거릴 수도 있습니다. 그럴 때는 "네가 잘못해서 그런 건데 왜 불만이야?"하지 말고, 공감해 주세요. 잘못된 행동은 훈육하더라도 먹고 싶고, 갖고 싶은 아이의 마음은 부정하지 않아야 하니까요. 아이가 먹고 싶은 빵을 사지 못해 속상한 마음은 공감하고, 책임지는 것이 얼마나 중요한지 가르쳐 주는 것입니다.

"네가 먹고 싶은 빵을 사지 못해 속상하겠지만, 이번에는 네가 누른 빵을 사야 해. 책임져야 하는 거야."

이후 계산하고 나와서 아이와 둘이 있을 때 자세한 이유를 설명하는 것이 좋습니다. 더 좋은 것은 어느 장소든 가기 전에 알려주세요. 어느 곳에 가는지, 그곳에서 무엇을 할 건지, 어떻게 행동하면 좋은지에 대해 알려주면 아이가 몰라서 하는 실수와 잘못이 줄어듭니다. 아이는 모르는 게 많습니다. 그것을 가르쳐

줄 때야말로 부드럽고 다정한 목소리로 아이와 공감 대화하는 것이죠.

사전 훈육 대화

엄마: 지금 우리가 가는 곳은 어디지?

아이: 빵집

엄마: 그렇구나. 빵집에 가는구나. 어떤 빵을 사고 싶어?

아이: 소시지빵 살래!

엄마: 그래, 좋아. 그런데 우리가 살 빵이 아니면 만지면 안 되는 거야. 왜냐하면….

지난번에 알려줬어도 이번에 또 알려주세요. 아이는 자신이 기억하고 싶은 것은 기억하지만, 그렇지 않은 것은 기억하지 않으니까요.

아이가 흥미 있어 하는 행위에 함께 기뻐하고 지속하도록 해주고 싶은 것이 부모 마음입니다. 하지만 순간의 즐거움을 위해 훈육을 미루거나 책임감을 가르치지 않으면 그 대가는 성장 후 아이가 홀로 감당해야 한다는 점을 기억해 주세요.

05

공감이 독이 되는
순간

사례 ①

식당에서 조부모님이 스마트폰을 보는 손주를 사이에 두고 미소를 가득 띤 채 바라봅니다.

"재밌어?"

아이는 대답조차 안 하고 몰입하고 있습니다.

"가르쳐 주지도 않았는데 어떻게 저렇게 잘하지? 애가 집중력이 대단해."

할아버지가 할머니한테 말합니다. 할머니는 할아버지의 말에 긍정하며 아이를 기특하게 바라보며 말합니다.

"○○야, 그게 그렇게 재밌어요?"

아이의 마음에 공감할 때도 기준이 필요해요

아이는 대답을 안 합니다.

"그래도 밥은 먹어야지?"

할머니는 한 숟가락 떠서 아이에게 줍니다. 아이는 입을 벌려 음식을 받았지만, 눈은 여전히 스마트폰에 두고, 음식은 입에 물고만 있습니다. 할머니는 아이에게 말합니다.

"그거 보면서 꼭꼭 씹어야지."

아이는 그 말에도 대답이 없습니다.

사례 ②

어느 식당 출입문에 이런 문구가 붙어있습니다.

'11시 30분부터 1시까지 1인 손님은 못 받습니다.'

아무리 점심시간이 혼잡해도 요즘처럼 '혼밥'이 보편화된 때에 이렇게 하는 이유가 궁금했습니다. 1인은 대화도 안 하고 식사만 하니 식사 시간도 짧을 텐데 싶어서였죠. 그런데 식당 주인의 말을 들어보니 이유가 분명했습니다.

"혼자 식사하시는 분들은 다 스마트폰 보면서 식사를 해서 좌석을 오래 차지하거든요."

식사하면서 스마트폰 보기, 요즘은 어른이나 아이에게 그리 특별한 장면은 아닙니다. 사실 어른의 경우에는 스마트폰을 보며 식사하더라도 큰 문제는 없습니다. 때로 어른에게는 '꿍 먹고 알 먹고' 식의 시간 활용이 될 수도 있습니다. 바쁜 일상에서 식사 시간을 이용해 보고 싶은 영상들을 본다면 시간을 아낄 수도 있습니다. 어른은 아무리 영상에 몰입해도 밥 먹는 것을 잊거나 음식을 씹지도 않고 입에 오래 물고만 있지 않습니다. 하지만 아이의 경우에는 전혀 그렇지 않습니다. 아이에게 식사 시간에 스마트폰을 주는 건, '음식을 먹지 말라' '안 먹어도 된다'는 무언의 허락입니다. 부득이한 이유로 주어야 한다면 반드시 시간을 정해 놓아야 하며, 그 시간 동안에도 최소한 기특하다는 듯한 눈길은 주지 않아야 합니다.

여지를 두면 안 되는 문제들

아이가 식사하면서 스마트폰 보는 것은 절대 안 된다고 정해 놓으세요. 어른의 경우에는 선택의 문제이지만, 아이에게는 단 한 가지도 좋은 이유가 없으니까요. 거기다 여러 가지 문제도 생깁니다.

첫째, 식습관의 문제가 심각해집니다. 무슨 맛인 줄 모르고 식사하므로 미각의 둔화는 물론 편식의 문제도 생깁니다.

둘째, 식사 시간의 본질을 놓치게 됩니다. 식사는 음식과의 만

아이의 마음에 공감할 때도 기준이 필요해요

남이며 함께하는 사람들과의 소통의 장입니다. 이 소중한 시간을 스마트 기기에 빼앗기면 안 됩니다.

셋째, '식사 시간 = 스마트폰'의 공식이 형성됩니다. 같은 행동을 되풀이하면서 습관이 되는 것이죠. 식사 시간이 곧 스마트폰 시청이라는 습관으로 고착화되면 아이는 스스로 통제할 수 없게 됩니다.

아이는 멀티가 안 됩니다. 맛있게 먹으면서 동시에 스마트폰 보는 아이는 거의 없어요. 영상에 몰입하므로 씹지 않고 입에 물고 있는 경우가 대부분입니다. 만약에 아이가 영상을 보면서 음식을 잘 먹는다 해도 먹는 속도가 지나치게 빨라질 수 있습니다. 또한 음식의 맛에 집중하지 못하므로 미각이 발달 되지 않는 건 물론이고, 저작 작용도 부족해져 과식을 하게 됩니다.

더욱이 아이는 전두엽 기능이 완성되지 않아 충동 조절 능력이 부족한데, 이 행동이 반복되면 스마트폰을 보고 싶은 충동만 더 커집니다. 그러면 식사 자리에서 스마트폰을 점점 떼어놓기 어려워지고, 이후 부모는 아이와 스마트폰 전쟁을 해야 합니다.

영아기 아이가 리모컨이나 스마트기기를 작동하면 신기한 마음에 "벌써 자기가 보고 싶은 걸 선택하네" "세상에, 너무 똑똑해"와 같이 긍정적인 반응을 하기 쉽습니다.

그러나 부모의 긍정적인 톤과 뉘앙스가 곁들여진 말은 아이에게 '내가 잘하고 있구나'라는 의미로 전해집니다. 부모가 아이의 행동을 격려하고 부추기는 것이지요. 그리고 몇 달 지나고 나서 부모는 아이에게 리모컨을 빼앗으려 하고, 아이는 빼앗기지 않으려 저항하는 리모컨 쟁탈전이 벌어집니다.

아이가 스마트 기기를 잘 다룬다고 귀여운 눈으로 바라보지 마세요. 부모의 긍정적 시선이 아이의 행동을 '강화'시킵니다.

만약에 영아기부터 스마트폰을 허용해서 유아기에 습관이 되었다면 갑자기 고치려고 하기보다 적절히 허용해 주세요. 스마트폰은 육아의 적이 아닙니다. 지혜롭게 활용하면 아이에게도, 부모의 육아에도 도움이 됩니다. 다만 다음 세 가지는 꼭 지켜주세요.

첫째, 정해진 시간이 되면 여지를 두지 않아야 합니다. 스마트폰을 건네기 전에 시간을 정하고, 정해진 시간이 되면 아이 손에서 폰을 회수해 와야 합니다. 아이가 떼를 부리더라도 공감해 주지 마세요.

"더 하고 싶은데 엄마가 스마트폰 못하게 해서 속상해?" (NO)

둘째, 회수한 후에는 더 이상 대화를 끌어가지 마세요.

아이의 마음에 공감할 때도 기준이 필요해요

"약속했지? 더 하고 싶어도 안 돼. 그러니까 화 풀어. 알았지?" (NO)

계속 대화한다면 아이의 욕구는 가라앉기는커녕 커지기만 합니다. 단호하게 스마트폰을 가져왔으면 더 이상 아이 눈에 보이지 않게 합니다. 눈에 보이면 하고 싶은 욕구가 더 커지니까요.

셋째, 장소를 이동하거나 분위기를 전환해서 스마트폰에 대한 주의를 분산하세요. 스마트폰을 치우는 것과 아울러 더 적극적인 방법은 장소를 이동해 주의를 전환하는 것입니다. 종이접기 등 손을 쓰는 놀이를 하면 주의 분산 효과가 높을 거예요.

아이는 직관적인 감각이 발달해 있습니다. 자신을 바라보는 눈길로 좋고 나쁨을 직관적으로 판단하죠. 스마트폰 보는 아이에게 보내는 부모의 공감의 눈빛이 독이 되는 이유이기도 합니다. 기특하거나 칭찬받을 상황이 아닌데 "재밌어?" "잘하네" 등의 말이나 "어유, 신기해라. 아직 어린데 이렇게 스마트 기기를 잘 다루다니"라는 반응은 아이에게 '스마트폰 = 좋은 것'으로 인식되게 하지요.

부모님의 식사 시간을 확보하는 등 필요한 상황이라면 '어쩔 수 없이 주는 것'임을 아이에게 인지시켜 주어야 합니다. 이때도 약속한 시간이 지나면 바로 회수해야 합니다.

"시간이 되었어. 그만해야 해."

이 이상의 말이 필요 없어요. 단호함만이 필요할 때 "아유, 더하고 싶은데 뺏어서 미안해" 식의 공감은 아이를 더 힘들게 합니다. 미련이 남게 하는 공감의 말은 아이의 감정만 부추길 뿐입니다. 여지를 두면 아이는 더 떼를 쓸 수 있어요. 아이가 단념해야 할 때는 부모의 '단호한' 말이 좋습니다. 그건 냉정함이 아니라 아이의 마음을 빨리 정리하게 합니다. 공감은 약도 되고 독도 됩니다. 약을 잘못 쓰면 독이 되듯, 단호함만이 필요할 때 공감하면 독이 됩니다. 단호해야 할 때는 단호함만 보여주세요.

아이의 마음에 공감할 때도 기준이 필요해요

공감이 아이의 표현보다
앞서면 생기는 문제들

한 엄마가 유아차를 끌고 카페에 왔습니다. 2~3세쯤 되어 보이는 아이가 엄마를 쳐다보자 엄마는 "왜 불편해?" 하며 뚜껑을 닫아줍니다. 이번에는 아이가 모자를 만지작거리자 "모자 벗고 싶어요?" 하더니 모자를 벗겨줍니다. 아이가 컵을 만지자 "아, 주스 마시고 싶구나?" 하며 아이 손에 컵을 쥐어 줍니다. 흐뭇하게 바라볼 수 있는 장면이지만, 아이의 입장에서 보면 엄마를 바라보기만 하면 다 이루어지는 상황입니다. 아이에게는 표현할 기회가 아예 없습니다. 아직 말을 잘 못하는 어린아이를 생각해서 표현하기 전에 척척 해주고 싶은 것이 부모의 마음이지만, 이런 태도는 아이의 발달 기회를 박탈하는 것입니다.

많은 부모님이 3세까지는 애착 형성의 시기니까 아이의 몸짓과 손짓을 놓치지 않고 응해주려고 노력합니다. 민감한 반응이 건강한 애착 형성의 기초가 된다는 이론쯤이야 이제 상식인 터라, 아이를 세심하게 관찰하고 아이가 원하는 것을 즉각 들어주는 것이 좋다는 것을 부모는 압니다. 더욱이 아이가 말을 제대로 못하는 나이라면 아이의 손짓, 눈짓까지 즉각적으로 읽어주어야 좋은 부모라고 생각하지요. 맞습니다. 그런데 영아기에도 아이가 마음을 '표현'할 기회를 먼저 주어야 해요. 말이 아니더라도 아이는 표현할 수 있으니까요. 그다음에 마음을 알아주고 반응해 줘야 합니다.

아이는 '어떻게 내 마음을 표현해야 이 마음을 전할 수 있을까?'를 배워야 합니다. 앞서 본 상황을 예로 들어 어떻게 아이의 마음을 읽어줘야 할지 단계별로 알아보겠습니다.

1단계, 아이가 무언가 원하는 것이 있어 부모를 볼 때 함께 아이를 바라봅니다. 부모의 눈길에 '뭐가 필요하니?'라는 궁금증을 담아서 보는 거예요. 아이가 자신이 원하는 것을 가리키거나 표현할 기회를 주는 것이죠.

2단계, 아이가 "어어" 하며 무언가를 가리킨다면 간단한 단어로 아이에게 되물어 봅니다.

"모자?"

이 말에는 '모자를 어떻게 해주었으면 좋겠느냐'는 질문을 담

아이의 마음에 공감할 때도 기준이 필요해요

은 것입니다. 한두 단어를 사용하는 시기에는 부모가 긴 문장으로 말하면 아이가 이해하지 못하므로 발달 수준에 맞게 단문으로 물어봐야 합니다. 아이가 모자를 잡아당기거나 벗으려고 하면 "모자 벗고 싶어?"라고 다시 아이에게 물어보세요.

3단계, 아이가 원하는 것을 들어주며 "모자를 벗고 싶었구나" 하고 그 상황에 대해 정리해 줍니다.

이 3단계는 아이가 모자를 만지자마자 "어, 모자 답답해? 벗고 싶어? 알았어. 엄마가 모자 벗겨줄게. 모자 벗으니까 시원하지?" 하고 말하는 것과는 아주 다릅니다.

이런 공감은 아이의 수준에 맞지 않는 긴 문장입니다. 아이에게 스텝 바이 스텝의 단계를 거치지 않고 한달음에 끌어올리는 것은 아이의 현재 수준에서 버거운 접근입니다. 한 단계씩 진행해야 아이는 '이런 게 답답한 상황이구나' '이럴 때 이렇게 표현하는구나'라는 각 과정에 대한 느낌과 표현 방법을 배웁니다. 그러면 장차 아이는 "엄마, 모자 쓰니까 답답해" "모자에 끈이 있어서 못 벗겠어. 도와주세요" 등 자신의 마음을 제대로 표현할 능력을 갖춥니다.

아이가 부모를 본다고 해서 반드시 뭔가 요청하는 것이 아닙니다. 엄마를 보고 싶어서일 수도 있고, 자신의 존재를 확인하고 싶어서일 수도 있어요. 내 아이는 내가 잘 알지만, 다 알지는 못합니다. 그래서 아이에게 물어보고, 확인해서 마음을 알아주는 것이 좋습니다.

아이가 손만 뻗으면 "이거?" 하며 부모가 집어주고, 입을 벌리면 "먹고 싶어?" 하며 먹여주는 것이 마음 읽어주기가 아니에요. 이렇게 육아 하다 보면 아이가 유아기가 되었을 때 신발을 안 신고 엄마를 쳐다보면 "신겨줘?" 하며 신발을 신겨 주는 방식으로 습관이 형성됩니다. 영아기부터 아이가 표현하기도 전에 부모가 알아서 해주면 나중에는 아이가 할 일도 대신해 주는 상황으로 이어집니다. 대신해 주기를 바라는 아이의 습관도 문제지만, '안 해주고는 견딜 수 없는' 부모의 불편함이 더 문제입니다. 해줘야 편해지는 부모는 '마음 읽기'를 잘해준다고 착각하며, 점점 아이의 모든 것을 대신하게 됩니다.

표현할 기회를 박탈하는 마음 읽기 예시

- 놀다가 엄마한테 달려오면
→ "오구오구, 애들이 안 놀아줘?"

- 아이가 좀 찡그리며 들어오면
→ "아들, 뭐 기분 나쁜 일 있어?"

- 학교에서 돌아온 아이가 가방을 던져놓으면
→ "속상한 일 있었구나!"

아이의 마음에 공감할 때도 기준이 필요해요

놀다가 달려온 것은 목이 말라서일 수도 있고, 엄마를 보고 싶어서일 수도 있으며, 가방을 던져놓은 것은 속상해서가 아니라, 놓다 보니 던져진 것일 수도 있어요. 또는 아무 이유가 없을 수도 있습니다. 아이가 원하는 것을 말할 기회를 주세요.

미리 마음 읽어주면
생기는 문제

부모의 마음 읽어주기가 없는 문제도 만들 수도 있어요.

첫 번째 문제는 부모가 읽어준 마음이 자기 마음이라고 오해하는 거예요. 속상하지 않았는데 부모가 "속상했구나" 하면 왠지 '뭔가 속상한 일이 있었다'는 착각이 들죠.

두 번째 문제는 자신의 마음을 제대로 표현 못 하는 아이가 돼요. 말도 연습이 필요합니다. 섬세하게 자신의 마음을 들여다볼 기회와 표현 연습을 못하면 점점 '내 마음을 뭐라고 표현할지 모르겠어'로 진행됩니다.

세 번째 문제는 마음을 거절당하는 경험을 못한다는 것입니다. 자신이 원하기만 하면 알아서 다 들어주는 부모에게서 자란 아이는 온실 속의 화초에 비유할 수 있습니다. 살다 보면 거절당하는 일이 얼마나 많은가요. 아이에게 극복할 힘이 없다면, 자기 마음대로 안 되는 상황, 마음을 알아주지 않는 사람들 틈에서 아이는 견뎌낼 수가 없습니다. 작은 바람조차 견디지 못할 태풍으로 여기게 되는 것이죠.

부모가 마음을 미리 읽어주고, 알아서 제공해 주면 아이는 세상은 내게 뭐든 준다고 착각하게 됩니다. 마음 다해서 노력해도 가질까 말까 한 세상인데 말이죠.

아이는 원하는 것을 쟁취하기 위해 적극적으로 표현하고, 조율하고, 안 되면 다시 시도해야 하는 세상을 살아가야 합니다. 그러려면 적극적으로, 간절히 원하며 이뤄나가야 합니다.

아이가 원하지도 않는데 아이에게 미리 알아서 제공하는 것은 건강한 애착 형성과 무관합니다. 영아기라고 해도 표현하기 전에 마음을 읽어주지 말고, 아이가 자신의 마음을 표현할 기회를 주세요. 아이의 마음은 아이가 압니다. 아이에게 표현할 기회를 주세요. 서툴면 서툰 대로 표현을 시도해야 점점 더 잘하게 됩니다.

'나는 아이의 눈빛만 봐도 안다'는 섣부른 독심술사 부모가 아니라, 아이에게 물어보고 아이가 원하는 것에 초점을 맞춰 마음을 읽어주고 알아주세요. 그게 바람직한 마음 읽기이며 공감입니다.

아이의 마음에 공감할 때도 기준이 필요해요

명확한 기준과 태도가 중요해요

Q.부부의 육아관이 달라 훈육 기준이 다를 때는 어떻게 해야 하나요?

A. 부모가 다른 태도를 보이면 아이는 빈틈을 파고듭니다. 부모가 규칙을 함께 정하고, 두 사람이 똑같이 적용해야 합니다. 부모가 같은 언어를 쓰는 것이 단단함의 시작입니다. 하지만 한 사람은 관대하고 한 사람은 엄격하다고 해서 육아관이 다른 건 아닙니다. 다만, 누군가는 허용하고, 누군가는 절대 안 된다고 하는 것은 아이를 헷갈리게 합니다. 또한 부모의 기분에 따라 훈육이 달라지면 아이에게 큰 혼란을 줍니다. 같은 행동인데, 오늘은 혼나고 내일은 넘어가면, 아이는 기준을 잃습니다. '기분'이 아니라 '원칙'이 훈육의 기준이어야 합니다.

Q. 부모가 지치고 흔들릴 때는 어떻게 해야 하나요?

A. 아이를 단단하게 키우려면 부모가 먼저 단단해야 합니다. '완벽한 부모'가 아니라, '일관되게 원칙을 지키는 부모'가 되면 됩니다. 육아는 동굴이 아니라 터널이라는 마음이 필요합니다. 힘든 날이 있더라도 아이가 지금 잘 자라고 있다고 여겨보세요. 특히 마음이 지칠 때는 몸을 잘 돌봐야 합니다. 아무리 "괜찮아. 이

또한 지나갈 거야"라고 마음을 다독여도 안 될 때, 산책을 하거나 좋아하는 차를 천천히 마시며 몸을 돌봐주세요. 그리고 거울을 보며 스스로에게 "이만하면 잘하고 있다"고 너그럽게 대하며 다독여 주세요. 몸과 마음을 돌보면 에너지가 충전되어 다시 행복하게 육아를 할 수 있습니다.

Q. 부모가 동생을 더 돌봐야 해서 첫째가 서운해할 때는 어떻게 해야 할까요?

A. 첫째 아이는 동생이 태어나기 전까지 부모의 사랑을 독차지하던 위치였습니다. 그러다 동생이 생기면서 부모 사랑을 빼앗긴 것도 모자라 항상 '이해해야 하는 존재'로 바뀝니다. 착하던 첫째가 동생이 생기자 고집이 세어지고 말썽을 부린다면 그 행동에만 초점을 두어 혼내지 말고, 아이의 상실감에 먼저 공감해주세요. 의도적으로 첫째와 단둘이 있는 시간을 마련하고, "너는 엄마 아빠에게 특별해"라는 마음을 안겨주세요. 말로만 다독이지 말고, 실제로 시간을 보내는 것이 효과적입니다. 만약 아이들이 서로 "누가 더 좋아?"라고 질문한다면 "그런 질문이 어딨어?"라고 대답하지 말고 아이의 절박한 마음을 알아주세요. "이 세상에서 제일로 사랑해" "우주에서 최고로 사랑해" 등 '제일' '최고'라는 말로 사랑을 가득 느끼게 해주세요.

아이의 마음에 공감할 때도 기준이 필요해요

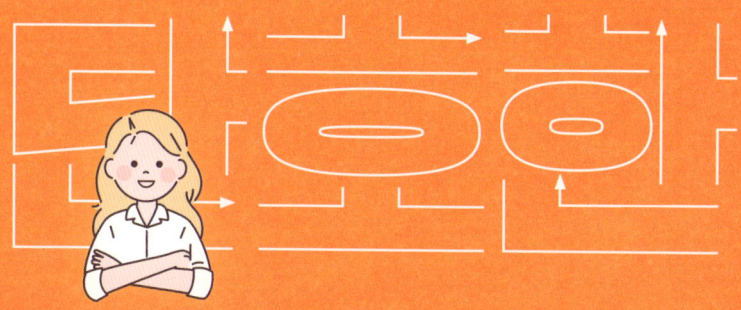

5장

효과 있는 부모의 말에는
규칙이 있습니다

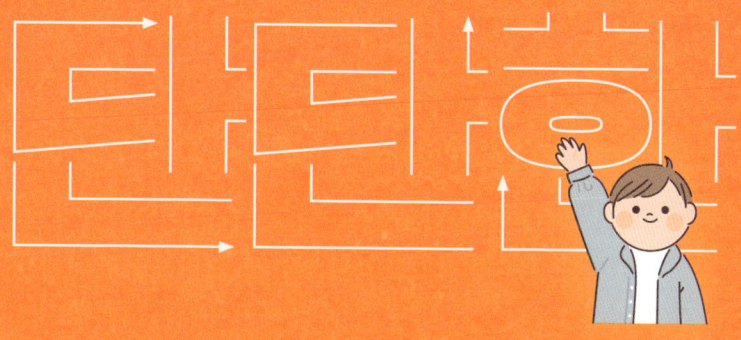

01

'이따가' 말고
'지금' 혼내기

'이따 보자는 사람 하나도 안 무섭다'는 말이 있습니다. '이따 보자'라는 말을 하는 사람을 긍정적으로 보면 참을성 있는 사람, 현재의 감정을 잘 조절하는 사람입니다. 반면에 이따가 보자 해 놓고 그 말을 실행하지 않는 실속 없는 사람으로 볼 수도 있지요. 자기 말에 책임지지 못하는 진중하지 못한 사람이 무서울 리 있나요.

그런데 만약에 부모가 아이에게 "이따가 보자." "너 이따 혼날 거야"라는 말을 한다면 어떨까요. 육아하다 보면 이런 말을 할 수도 있습니다. 훈육을 하기는 해야 하는데, 여의치 못한 상황은 비일비재하니까요. 부모가 "이따가 보자"고 했으면 그 말에 책임을 져야 합니다. 그런데 혼낸다는 말은 해놓고, 실행하지 않는다면 부모는 거짓말쟁이로 인식됩니다. 아이는 이렇게 생각할 테니까요.

'이따 혼난다고? 에이, 또 거짓말!'

분명히 혼낼 이유가 있어서 "너 이따 집에 가서 혼날 거야"라고 했다면, 집에 도착해서 훈육해야 합니다.

부모는 '말'한 대로
'행동'하는 사람이다

아이와 결혼식장에 갔습니다. 문제는 식당에서 발생했지요. 아이가 테이블 사이를 뛰어다닙니다. 처음에는 "이 녀석 씩씩하네" 하고 귀여워하던 친척들이 아이의 행동이 반복되자 엄마를 쳐다봅니다. 엄마가 아이를 자리로 데려와서 말했습니다.

"너, 엄마랑 약속했지? 멋지게 보이자고 했잖아. 그렇게 왔다 갔다 하면 사람들이 너 싫어해. 자꾸 이러면 이따 집에 가서 혼낼 거야. 창피해서 밥도 못 먹고 집에 가야겠다."

하지만 의자에 앉힌 지 몇 분 지나지 않아 아이가 또 뛰어다닙니다. 엄마가 아이를 붙잡다시피 데려와서 이번에는 냉정한 표

효과 있는 부모의 말에는 규칙이 있습니다

정으로 말했습니다.

"너, 이따 집에 가서 진짜 혼날 줄 알아. 엄마 진짜 창피하다고! 계속 돌아다닐 거야? 앉아 있을 거야?"

아이가 대답은 안 하고 징징거리자 엄마는 짐을 챙기며 아이에게 말했습니다.

"가자. 너, 집에 가서 진짜 진짜 혼날 줄 알아. 각오해."

그런데 나오다가 다른 친척을 만났습니다. 아이가 귀엽다고 쓰다듬으며 용돈을 줍니다. 엄마도 표정을 풀고 인사 나눈 후 주차장으로 향하는데, 아이가 말합니다.

"엄마, 이거 엄마 줄까?"

아이가 좀 전에 친척에게 받은 용돈을 엄마에게 내밉니다.

"아이고, 착해라. 이렇게 착한 아들이 아까는 왜 그렇게 엄마 말 안 들었어?"

엄마와 아들은 기분 좋게 집에 왔고, 아무 일 없었다는 듯 일상이 이어졌습니다.

엄마는 분명 "집에 가서 진짜 진짜 혼난다"라며 '진짜 진짜'를 강조하며 말했었습니다. 그런데 실행한 건 하나도 없습니다. 그러려면 "이따 혼난다"라는 말은 하지 않았어야 합니다. 부모는 아이에게 '우리 엄마, 아빠는 말한 대로 행동하시는 분'이라는 믿음을 주어야 합니다.

사례에서처럼 친인척이 모인 결혼식장이나 공공장소, 마트 등에서 훈육하기란 쉽지 않습니다. 그러니까 아이에게 "이따가 보자" "이따가 혼난다"라고 엄포를 놓듯 말합니다. 사실 훈육을 미뤘다기보다 아이가 이 말을 듣고, 얼른 바르게 행동하길 바라면서 그 말로 훈육을 대신한 것이죠.

부모가 말한 '혼내기'는 '훈육'일 겁니다. 그렇다면 훈육을 '이따가'로 미룰 이유가 없습니다. 이따가 혼내지 말고 지금 혼내세요. 부득이하게 미뤘다면, 반드시 이따가 훈육해야 합니다. 그렇지 않으면 '이따가 보자'는 아무 효력 없는 말에 불과합니다. 아이도 감을 잡았기 때문이에요. 아이는 수년간의 경험을 통해 이따가 안 혼난다는 확신을 가집니다. 그래서 아이는 이따가 혼난다는 말을 점점 더 안 믿게 됩니다.

이따가 혼내면 안 되는
세 가지 이유

이따가 혼내면 안 되는 첫 번째 이유는 훈육은 '지금 바로' 그리고 '현재'여야 효과가 있기 때문입니다. 칭찬도 훈육도 바로 그 자리에서 하는 게 좋아요. 아이는 과거와 미래가 아니라 지금, 현재를 가장 잘 이해합니다.

효과 있는 부모의 말에는 규칙이 있습니다

두 번째 이유는 '소급 적용 불가 원칙' 때문입니다. 예를 들어 아이가 길을 걷는데 차도 쪽으로 내려가며 장난을 칩니다. "하지 마, 위험해"라고 해도 아이가 자꾸 장난을 치자 엄마가 말해요. "너 이따 집에 가서 혼난다" 그런데 아이와 손잡고 걷다 보니 기분이 풀어지고, 가게에 들러 아이스크림 하나씩 사서 먹으면서 기분 좋게 집으로 돌아왔습니다. 어떻게 할까요?

"너 집에 오면 혼난다 그랬지? 이리 와봐. 아까 길에서 왜 차도 쪽으로 내려가려고 했어?"

이렇게 혼내자니 좀 어색합니다. 분명히 20분 전에 "너 이따 집에 가서 혼난다"고 했으니까 실행해야 하지만, "너 이리 와, 아까 엄마가 혼낸다 그랬지?" 한다면 아이는 '엄마랑 아이스크림 맛있게 먹고 즐겁게 왔는데 왜 혼내지?' 하고 혼란스럽습니다.

이따가 혼내면 안 되는 세 번째 이유는 '부모 말의 권위' 때문입니다. 부모 말에 신뢰를 쌓으려면 집에 오자마자 아이를 훈육해야 합니다. 그런데 명분이 약해졌습니다. 아까는 아이가 차도에 내려가는 위험한 장난을 해서 훈육의 명분이 뚜렷했고, 아이도 혼날 이유를 인지했죠. 그런데 정작 집에 왔을 때는 명분이 흐릿해졌습니다. 부모 말의 권위를 위해서는 지금이라도 혼내야 하는데, '아까 일'을 지금 끄집어내면 아이 입장에서는 괜히 (이유 없이) 혼나는 것으로 여겨집니다. 그러면 훈육 효과가 거의 없습니다. 이따가 혼내지 말고 지금 혼내야 할 이유입니다.

훈육은 미뤄서도, 미루다 잊어서도 안 됩니다.

지금, 효과적으로
훈육하는 5단계

공공장소라서 여의치 않은가요? 식당이나 거리 또는 다른 사람들이 있어서 훈육하기가 적절치 않은가요? 다음 다섯 가지만 지키면 훈육의 장소가 어디든 상관없습니다.

첫째, 아이와 가까이 마주 앉습니다.

서서 말하면 부모와 아이의 키 차이가 너무 나서 위압적인 느낌을 줍니다.

둘째, 본론으로 바로 들어가세요.

아이에게 "엄마 눈 봐"라고 말하거나 "똑바로 앉아"라며 시간을 끌지 마세요. 부모가 똑바로 앉아 아이를 쳐다보며 용건으로 들어가세요. 시간을 끌지 않을수록 훈육 효과가 있습니다.

셋째, 절대 큰 소리로 말하지 않습니다.

아이에게 들릴 만큼만 말해야 위엄 있는 목소리가 됩니다. 높고 큰 목소리가 아닌 낮은 목소리로 말하세요. 주변이 소란스러워도 마주 앉아, 아이 눈을 보며 말하기 때문에 잘 전달됩니다.

효과 있는 부모의 말에는 규칙이 있습니다

넷째, 주변을 의식하는 말 등 불필요한 말을 하지 마세요.

"사람들이 다 쳐다보네" 이런 말은 아이가 두리번거릴 수 있습니다. "아이, 창피해" 이런 말도 훈육의 논지를 흐립니다. 집중을 흐트러뜨리는 말은 하지 말고, 온전히 부모에게 집중하게 하고, 짧게 말합니다. 훈육은 연설이 아니라 요점 정리처럼 해야 효과가 높습니다.

다섯째, 아이가 해야 할 행동과 지침만 말합니다.

"너, 그러면 다시는 너 안 데리고 다닐 거야" 등의 말은 아이를 흥분시킬 뿐입니다. 아이가 더 떼쓰고, 고집을 부릴 빌미를 주는 말은 하지 말고, 하면 안 되는 행동이나 지침만 핵심적으로 말해주세요. 특히 소음이 있는 곳일수록 또박또박, 아이를 보며 천천히 말해야 합니다.

"여기서 뛰어다니면 안 돼."

"앉아서 식사하자."

이런 방법으로 하면 어디서든 훈육이 가능하므로 미룰 이유가 없습니다.

만약 그럼에도 아이가 계속 반복해서 잘못된 행동을 한다면 어떻게 할까요? 좀 덜 붐비는 공간으로 이동해 앞의 5단계를 진행하세요. 아이에게 기회를 한 번 더 주는 거예요. 여기에 하나 더 추가할 수도 있습니다.

"또 그러면 식사 안 하고 집에 갈 거야."

1단계	2단계	3단계	4단계	5단계
가까이 마주 앉기	바로 본론으로 들어가기	큰소리 내지 않기	불필요한 말 덧붙이지 않기	행동과 지침만 말하기

훈육의 효과를 높이는 5단계

이렇게 말하고 식당으로 돌아갔는데 아이가 다시 반복한다면, 말한 대로 실행하면 됩니다. 귀가하는 거죠. 이럴 때는 아무 말이 필요 없습니다. "너, 진짜 집에 가서 혼나. 일어나"라고 한다면 아이는 "아니야. 안 돼" 하며 소리 지르며 안 나가려고 고집을 부리는 난처한 상황만 벌어집니다. 아이를 흥분시킬 필요 없습니다. 그저 묵묵하게 부모님이 말한 대로, 아이 손을 잡고, 밖으로 나가면 됩니다.

아이가 반복해서 장난을 치거나 잘못된 행동을 하나요? 혼낼 일이라면 그때 혼내세요. 훈육은 '지금, 여기'Here&Now가 중요합니다. 내 아이가 뜻을 펼치고, 행복하고, 품격 있게 살 수 있는 기본을 가르치는 훈육, 이제 미루지 마세요.

효과 있는 부모의 말에는 규칙이 있습니다

좋게 말하다 화내지 말고
처음부터 확실하게 말하기

캠프장의 야외 수영장에서 남자아이가 다른 아이들과 어울려 신나게 물놀이를 하고 있습니다. 파라솔 아래에 있던 엄마가 아이에게 부드럽게 말합니다.

"아들, 이제 그만 들어가자."

물놀이하느라 정신이 없는 아이는 못 들었는지 물에서 나올 생각을 안 합니다. 몇십 초 기다렸을까요. 엄마가 의자에서 일어나더니 아이에게 좀 큰 목소리로 외칩니다.

"이제 들어가자! 저녁 식사 시간 곧 끝나! 밥 안 먹을 거야? 얼른 나와. 엄마 간다."

그러더니 엄마는 가지 않고, 의자에 앉습니다. 아들이 물 밖으로 나오길 기다리는 걸까요? 그러길 1, 2분. 엄마가 아이에게 외치는 말이 쩌렁쩌렁 울렸습니다.

"야, 나오라고. 혼나기 전에 빨리 나와! 얼른! 빨리!"

아이의 짐을 챙기며 엄마는 덧붙였습니다.

"내가 정말, 소리 안 지르고 싶어도… 좋게 말하면 말을 안 들어!"

아이들은 왜 부모가 좋게 말하면 말을 안 듣는 걸까요? 왜 꼭 부모가 소리를 지르고 화를 내야 좀 듣는 척하는지 모르겠습니다. 그런데 혹시, 아이 문제가 아니라 부모의 말하기 방식에 문제가 있는 건 아닐까요? 이런 근본적인 질문으로 시작해 보겠습니다.

부모님이 말하는 '좋게 말하는 것'이 무엇일까요?

좋게 말한다는 것은 좋은 단어, 고운 말씨, 부드러운 태도로 친절하게 말하는 것이겠지요. 그런데 좋게 말하는 것에 반드시 들어갈 조건이 있습니다. 바로 '상황에 알맞게 말하는 것'입니다. 우리는 누구와 어떤 상황에서 어떻게 말해야 하는지 잘 알고 있습니다. 예를 들어 멀리서 누군가를 부를 때는 어떻게 하는 게 알맞은지 우리는 압니다. 가장 좋은 방법은 상대에게 가까이 가서 말하는 것이지만 멀리서 불러야 할 경우라면 좀 더 큰소리로 상대에게 들리게 합니다. 그런데 아이를 대할 때 부모는 '좋게 말하기'와 '상황에 알맞게 말하기'를 종종 착각할 때가 있습니다. 큰소리치지 않고 아이를 키우고 싶다는 따뜻한 마음에서 우러난 것이지만, 이 때문에 아이는 혼나지 않을 일임에도 훈육을 받는 일이 생깁니다. 엄밀히 말하면 부모가 만든 억울한 상황입니다. 아이에게 큰 소리로 말하기를 주저하면 안 됩니다.

효과 있는 부모의 말에는 규칙이 있습니다

점점 강도를 높이지 말고
단번에 확실하게

많은 부모님이 "아이에게 좋게 말하면 안 듣는다"는 말을 자주 합니다. 그리고 이 말 뒤에 거의 시리즈처럼 이런 부정적인 말을 연결해서 하지요.

"좋게 말하면 안 들어" → "소리를 질러야 말 들을 거니?" → "너 이따 혼날 줄 알아!"

결론부터 말하면, 좋은 말은 목소리를 작게 하며 부드럽게 하는 말만이 아닙니다. 상대에게 이해될 언어 수준과 상대에게 들리는 크기의 소리로 하는 말이 좋은 말입니다. 큰 소리로 말해야 상황이라면 크게 말해주세요. 그런데 부모는 아이에게 큰소리치고 싶지 않습니다. 부드럽게 좋은 말을 하고 싶지요. 그러면 이런 전형적인 점층법 실수의 패턴이 형성됩니다.

목소리를 작게 내다가 조금 더 큰소리를 내다가 소리 지르며 혼날 것이라고 위협하는 것이죠.

이렇게 점점 강도를 높여 점점 세게 말하는 점층법과 크레셴도 기법은 부모의 화를 폭발시킵니다. '좋은 부모가 되고 싶어' '좋게 말해야지' '처음부터 목소리 높이지 말자'라는 마음에서 놓여나야 아이가 불필요한 훈육을 받지 않습니다. 단번에 확실하게, 크게, 아이에게 들리게 말해주세요.

좋게 말하기보다
적절하게 말하기

아이가 수영장에서 노는 동안 기다려 주고, 지켜준 엄마의 사랑을 한순간에 무너뜨릴 이유가 없습니다. 한 시간 이상 놀았다고 해도 아이에게는 짧은 시간이지요. 기다리는 엄마로서는 지루하기 이를 데 없는 시간이지만요. 그럼에도 흐뭇하고 기쁘게 기다린 이유는 아이의 건강한 성장을 위해서였습니다. 하지만 부모는 아이의 건강한 성장을 위해 마냥 놀게 할 수는 없습니다. 노는 아이는 시간 가는 줄 모르기에, '더 놀고 싶지만 그만 멈추고, 식사를 해야 한다'는 것을 부모는 알려주고 실행하게 해야 합니다. 이때, 즐거운 시간을 좋게 마무리해 주는 방법이 있습니다. 다음 세 단계를 실천해 보세요.

1단계. 아이에게 (최대한) 가까이 갑니다.
2단계. (아이가 엄마를 보도록) 아이의 이름을 부릅니다.
3단계. 아이에게 들리도록 용건을 (큰소리로) 말합니다.

최대한 가까이 가서 엄마의 존재를 보이고, 아이의 이름을 불러주세요. 또 소음이 있는 곳이므로 목소리를 좀 크게 내어 용건을 말하는 거예요.

효과 있는 부모의 말에는 규칙이 있습니다

"○○야, 이제 나와. 저녁 식사 시간이야."

그리고 아이가 나올 때까지 그 자리에서 기다려 주세요. 이렇게 하면 아이는 실컷 재밌게 놀고 난 후에도 기분이 좋고, 엄마 역시 굳이 분위기 나쁘게 만드는 말들, 즉 "너, 엄마가 좋게 말할 때 안 들었으니 이따가 혼날 거야" "엄마가 소리를 질러야 말을 듣지? 왜 좋게 말하면 말을 안 들어?"와 같은 말은 하지 않을 수 있습니다.

큰 소리로 말하는 것이 좋지 않다고 생각하는 것은 큰 소리가 곧 '감정적으로 소리치기'라는 선입견이 있기 때문인지도 모릅니다. 그런데 크게 말해야 할 때는 큰 소리로 말해야 합니다. 위급한 상황에는 높은 외마디 비명이 필요하듯, 아이가 위험한 것을 만지려 할 때, 위험한 곳에 가려 할 때도 부드럽게 속삭이는 소리는 적절치 않습니다. 물놀이를 끝내야 함을 알려주는 말 또한 마주 앉아 대화할 때와는 사뭇 다른 목소리 크기와 톤이 필요하지요. 소음을 뚫고, 물놀이하는 아이에게 전달될 목소리 크기가 상황에 알맞은 것이지요.

제가 만난 한 엄마는 아들이 외출만 하면 산만해져서 목청도 아낄 겸 종을 하나 들고 다녔다고 해요. 놀이터 갈 때, 외출할 때 몇 번 가져가서 실제로 종을 울렸더니 아이가 금방 반응을 보이

더랍니다. 다른 사람에게 폐 끼치지 않을 선에서 두세 번 울렸더니 효과가 있었다고 해요.

물론 아이가 부모와의 약속을 잘 지키고, 알아서 척척 한다면 무슨 문제가 있겠어요. 하지만 아이들은 그렇지 못합니다. 언급했듯, 아이들은 마음대로 하고 싶어 하는 존재이며 절제력이 아직 강하지 못합니다. 아주 정상적인 발달 특징이지요. 그래서 부모는 아이의 발달에 맞게 알려주어야 합니다. 상황에 따라 적절한 목소리 크기로 말해주세요. 그러면 혼낼 일도, 혼날 일도 줄어들어요. 부모의 에너지도 불필요하게 소진되지 않으므로 아이를 사랑하는 일에 더 에너지를 쓸 수 있어요. 큰 목소리를 낼 때라고 판단되면 처음부터 아이에게 들리도록 크게 말하세요. 그러면 아이가 알아들어요. 그게 바로 훈육 상황을 줄이는, 부모와 아이에게 모두 좋은 '좋게 말하기'입니다.

　　　　　　　　　　효과 있는 부모의 말에는 규칙이 있습니다

뭉뚱그려
혼내지 않기

아이를 훈육할 때 우리가 자주 하는 실수 중 하나는 '뭉뚱그려
혼내기'입니다.

"너는 왜 이렇게 말썽이니?"

"너는 왜 항상 말을 안 듣니?"

"그러다 뭐가 되려고 그러는 거야?"

이 정도의 말은 훈육에서 할 수 있는 평범한 말이지만, 훈육의
말로 적합하지 않습니다. 왜 그럴까요? 도무지 무엇이 문제라는
건지 모를, 일반적이고 포괄적인 말은 아이에게 혼란과 좌절만
안겨줄 뿐, 행동의 문제를 구체적으로 알려주지 못하기 때문입
니다. 아이는 무엇이 문제인지, 왜 그 행동이 잘못됐는지 알아야

'바람직하게' 변할 수 있습니다. 훈육의 목적은 바람직한 행동으로 수정하는 것인데 무슨 말인지 모르게 뭉뚱그려 말한다면 아이에게 내용이 전달되지 못합니다.

뭉뚱그려 말하면
훈육이 안 되는 이유

예를 들어 아이가 우산을 들고 나가다 현관에 있는 물건을 떨어뜨렸다면 어떻게 말해야 할까요? 이럴 때 "조심 좀 해! 넌 왜 매사 조심성이 없니?" 이런 말이 쉽게 튀어나옵니다. 그런데 이 말은 아이의 성향 자체에 대해 혼내는 말일 뿐 훈육이 아닙니다. "너는 왜 이렇게 조심성이 없니?"라는 말 대신 '조심성 없는 행동'에 해당하는 내용을 구체적으로 말해주세요.

"괜찮니? 우산을 옆으로 하지 말고 아래로 향하게 들어야 안전해."

사실 어른들도 우산을 가로로 들고 가다가 뒤에 있는 사람이나 옆에 있는 사람을 치거나 찌를 수 있어요. 이번 계기로 아이에게 안전하게 우산을 드는 방법을 알려준다면 아이는 조심성을 기를 수 있고 매너도 배우게 됩니다. 실수가 배움의 계기가 되는 것이지요. 그런데 뭉뚱그려 혼낸다면 아이의 기분만 나쁘

227

게 하고 아무런 가르침도 주지 못한 채 아이와 부모의 관계만 나빠집니다.

훈육은 수정할 내용에만 집중해야 합니다. '조심성이 없다'는 아이 전체를 폄하하는 말이 아니라, 훈육의 범위를 좁히고 초점을 맞춰 핵심과 요지를 전달합시다.

아이가 식사를 하다가 물을 엎질렀을 때 "또 그런다. 왜 이렇게 말썽만 피워?"라고 하는 말은 실수를 실수로 대하는 게 아니라 '말썽만 피우는 아이'로 몰아붙이는 말입니다. 실수는 실수로 대하고, 그런 다음 실수한 일을 아이가 깨닫고, 책임지도록 해주세요.

- 실수를 실수로 대하는 말: "실수로 엎질렀구나."
- 실수를 책임지게 하는 말: "엎지른 ○○를 닦아야겠구나."

만약 아이의 실수를 이렇게 대한다면 어떨까요.

"(물을 닦으며) 내가 정말 너 때문에 밥 하나 편하게 못 먹어 정말. 조심하라고 했잖아."

그러면 아이는 이렇게 생각하기 쉬워요.

'엄마 잔소리를 잠깐만 들으면 돼. 그러면 엄마가 모든 걸 다 해결해 주거든.'

아이의 실수를 대하는 부모의 태도에서 아이는 배우기도 하고, 스스로 '나는 나쁜 아이야'라는 낙인을 찍을 수도 있습니다. 아이는 실수하며 배우고, 성장합니다. 아이가 자신의 행동을 명확히 이해하고, 스스로 바람직한 방향으로 나아가는 모습을 기대하며, 구체적으로 훈육해 보세요. 아이가 실수를 했다면 아이의 '인격'이 아닌 '행동'만을 지적해야 합니다.

- 인격 지적의 말: "그렇게 하면 나쁜 아이야." (NO)
- 행동 지적의 말: "이 행동은 하면 안 돼." (YES)

빨리 걷다 넘어진 아이에게 우리는 흔히 "왜 그렇게 조심성이 없니?"라고 말합니다. "왜 그렇게 덜렁대냐!"는 말도 아무렇지 않게 나오지요. 안타까운 마음에 한 말이지만, 이게 바로 뭉뚱그려 말하는 것입니다. 다만 "빨리 걷지 말고, 천천히 걷자"와 같이 그 행동에 대해서만 말해주세요.

자주 넘어지는 아이라면 "엄마랑 손잡고 걷자"고 제안하는 방법도 있습니다. 아이가 넘어지지 않게, 안전하게 하는 것이 중요한 것이지 조심성 없는 아이, 맨날 덜렁대는 아이라는 낙인으로 아이의 자신감을 떨어뜨리면 안 됩니다. 만약에 넘어지는 빈도수가 잦다면 병원에 가서 검진을 받아보는 것도 추천합니다. 시

효과 있는 부모의 말에는 규칙이 있습니다

력, 자율 신경 등 신체적인 문제가 있을 수도 있으니까요.

부모는 아이의 성장을 도와주는 존재입니다. 아이의 어떤 문제 행동에 대해 뭉뚱그려 혼내고 비난하지 말고, 문제 행동을 줄이고, 더 나은 행동을 하며 건강하게 성장하도록 이끌어 주세요. 뭉뚱그려 혼내다 보면 아이를 관찰하지 못하고 간과하는 부분들이 생깁니다. 훌륭한 부모는 아이의 행동과 그 원인을 면밀하게 살피고 개선 방법도 구체적으로 제시하는 훈육을 합니다.

뭉뚱그려 혼낼 때 발생하는 문제가 더 있습니다. 뭉뚱그려 혼내면 대체로 감정적으로 폭발하게 되지만, 구체적으로 행동만 짚으면 차분한 어조로 말할 수 있다는 점입니다. 아이의 잘못이든 실수든 '그 행동'만 구체적으로 짚어 말해주세요. 훈육의 말과 혼내는 말의 차이는 '구체적인 행동'을 말하는가, '뭉뚱그려 두루뭉술' 말하는가에 있습니다. 아이 전체를 싸잡아 말한다면 그건 훈육이 아니라 혼내는 말입니다.

특정 행동을 짚고, 대안을 제시하는 훈육의 기술

"물을 쏟으면 물을 마실 수 없어."

"물이 쏟아지면 바닥이 미끄러워서 다칠 수 있어."

이렇게 행동의 결과에 대해 알려줄 때 아이는 점차 행동의 원인이 낳는 결과를 연결 지어 이해하기 시작합니다. 또한 부모는 아이의 행동이 실수인지 장난인지를 확인하고 구분해서 말해야 아이가 억울하지 않습니다. 만약 실수로 물컵을 엎지르고 아이가 당황해한다면 얼른 위로해 주는 것이 먼저입니다.

"놀라지는 않았니? 괜찮아?"

"물컵이 미끄러웠구나."

만약 물을 마시려다 실수로 엎질렀다면 물을 마실 수 있도록 "엄마가 다시 물 가져다줄게. 잠시 앉아 있어" 하고 물을 가져다주는 등 상황에 알맞게 배려해 주세요. 실수로 한 행동인데 "물컵을 떨어뜨리면 위험하니까 다음부터 조심하자"고만 하고 끝낸다면, 아이는 자신이 보호받지 못한다고 느낍니다. 혹시 '아이의 행동에 대해 아이가 책임지도록 한다'라는 육아 철학으로 "네가 엎질렀으니 네가 책임져야 해"라고 한다면 어떨까요. 아이가 물을 닦으려다 양말이 젖을 수도 있고, 미끄러질 수도 있어 2차 훈육 상황이 발생할 수도 있습니다. 훈육에도 TOPTime, Occasion, Place가 있음을 기억해 주세요. 때와 장소, 상황에 따라 같은 행동도 다르게 대해야 합니다.

　　　　　효과 있는 부모의 말에는 규칙이 있습니다

반복적인 실수가 발생하지 않도록 환경을 만들어 주는 것도 필요합니다. 만약에 식탁 위가 좁거나 아이가 반찬을 집을 때 물컵이 거치적거린다면 물컵을 치우고, 물은 식사 후에 마신다든지 대안을 마련하는 거죠. 그렇지 않으면 실수를 쉽게 저지를 수 있어 즐거운 식사 자리가 혼나는 시간으로 변질될 수 있습니다. 훈육에 앞서 훈육 상황이 생기지 않도록 하는 것이 더욱 중요합니다.

연령과 발달 수준에 맞춰 훈육하기

6세 아이가 뛰어다니며 위험한 행동을 할 때, "너는 왜 그렇게 장난이 심해?"라는 말보다 아이에게 얼른 다가가 "뛰면 넘어질 수 있어. 걷자" 등 단호하지만 구체적인 말을 해주세요.

7세 아이가 만약 아이가 친구와 놀다가 밀었다면 "너는 왜 항상 친구들을 괴롭히니?"라고 뭉뚱그려 비난하지 말고, "친구를 밀지 말고, 말로 네 마음을 표현하자"라고 구체적인 사실과 방법을 설명하면, 아이는 자신의 행동에 책임감을 느끼고 더 객관적으로 상황을 바라볼 수 있습니다.

만약 사춘기에 접어든 아이가 자신이 할 일을 미루면 "넌 늘

할 일부터 안 하고 미루는 나쁜 습관이 있더라. 그거 언제쯤 고칠래?"라고 몰아붙이는 것은 전혀 효과적이지 않습니다. 뭉뚱그려 비난하면 아이는 반발심만 키울 뿐입니다. "오늘 ○○을 안 했더라. 혹시 시간이 부족했니? 다음부터는 미리미리 하는 게 어떨까?"라며 미룬 행동에 대해 구체적으로 말하고, 개선 가능한 부분을 짚어주는 대화가 효과적입니다. 청소년기 아이는 자신이 해야 할 일을 안 한 것을 이미 인지하고 있습니다. 부모가 비난을 멈추고, 인격적으로 대하면 아이는 자신의 행동을 객관적으로 되돌아보고 앞으로 잘하려는 마음을 먹게 되지요. 엇나가는 마음이 아니라 반성하는 마음이 들게 하는 것이 부모의 역할입니다.

아이들은 각기 다른 발달 단계에 있기 때문에, 부모는 아이 발달에 적절한 언어와 태도를 선택해야 합니다. 대화가 어려운 영아기와 언어 이해력이 낮은 유아기에는 행동과 말을 함께 사용해 반복하며 가르쳐 주세요. 반면 초등학생이나 청소년은 더 복잡한 이유와 결과를 이해할 수 있으므로, 구체적인 사실을 명확히 전하고, 아이 스스로 생각하고 반성할 수 있도록 여지를 두는 것이 좋습니다.

아이 발달 수준에 맞춰 구체적으로 행동을 짚어주는 훈육은 아이가 자신의 잘못을 분명히 인식하게 하고, 바람직한 방향으로 나아가게 돕습니다. 뭉뚱그려 혼내는 것은 아이에게 '나는 항상 그런 애야' '내가 그렇지 뭐'라는 부정적 자아상만 심어줄 뿐입니다. 아이가 자신의 행동을 명확히 이해하고, 스스로 바람직한 방향으로 나아가는 모습을 기대한다면 행동을 구체적으로 짚어서 훈육해 보세요.

03

과거 소환
금지

"너, 지난번에도 그랬잖아."

"또 왜 그래? 분명히 안 한다고 했었지?"

"한두 번도 아니고, 며칠 전에도 엄마가 말했어? 안 했어?"

아이의 실수와 잘못을 훈육할 때 어느 부모라도 할 수 있는 평범한 말입니다. 그런데 이런 말은 훈육의 효과를 떨어뜨립니다. 이전에 한 행동에 대한 질책이 강하게 들어있기 때문입니다. 지금 잘못에 초점을 두고 훈육해야 하는데, 아이는 기억하지도 못하는 과거의 잘못을 끄집어내면 혼란스럽기만 합니다.

훈육할 때 부모님들이 빠지는 함정 중 하나가 바로 '과거 소환'입니다. 아이가 현재 어떤 잘못된 행동을 했을 때, 그 행동만

효과 있는 부모의 말에는 규칙이 있습니다

지적해 바로잡아 주세요. 예전에 했던 실수나 잘못, 실패 경험까지 꺼내며 과거를 소환하는 순간, 다음 세 가지 이유로 훈육 효과가 전혀 없습니다.

첫째, 현재의 실수와 잘못이 희석됩니다.

과거를 소환하는 순간, '현재'와 '과거'가 뒤섞여 논지가 불분명해지고 훈육의 초점이 흐릿해집니다. 아이는 부모 말의 핵심을 알아듣지 못하게 되므로 가르치는 내용이 전혀 전달되지 않습니다.

둘째, 훈육이 아니라 '또 혼난다'고 인식합니다.

훈육은 수정할 문제를 짚어주며 바람직한 행동을 하도록 하기 위한 가르침입니다. 그런데 과거를 끄집어내어 말하면, 아이는 부모님이 무엇을 말하고자 하는지 알아듣지 못하고 그저 혼난다고만 생각합니다. 분명 훈육을 했음에도 전혀 효과가 없는 것이죠.

셋째, 자기 존재 자체가 문제라고 느끼고 마음의 문을 닫아버립니다.

과거 소환의 말에는 대체로 인격적 폄하의 내용이 담깁니다. '한 번 말하면 못 알아듣는 아이' '안 한다고 해놓고 또 말썽이나 부리는 아이'라는 비난의 뉘앙스가 들어가 있기 때문입니다. 잘못을 수정하고 반성할 상황임에도 아이 마음만 닫히게 하므로 훈육은 불시착되고 맙니다.

예를 들어, 아이가 장난감을 던졌습니다. 부모가 "또 장난감 던지네. 지난번에도 그러더니. 넌 왜 항상 이러는 거야? 그러면 나쁜 거라고 했지?"라고 말하면, 아이는 '엄마는 나를 늘 나쁘다고 생각하는구나'라고 받아들입니다. 감정 조절과 자기 통제가 미숙한 이 시기의 아이에게 과거까지 들먹이며 꾸중하는 것은 오히려 혼란만 더 키우는 꼴입니다. 대신 "장난감은 가지고 노는 거야. 던지면 안 돼"라고 '여기, 지금'의 행동에 집중해 알려 주는 것이 바람직합니다.

무심결에 나오는 말이라 '내가 과거 소환을?' 하며 미심쩍어 하는 분들이 많겠지만, 훈육할 상황이 되면 과거를 소환하는 사례는 아주 흔합니다. 예를 들어 아이가 밥 먹다가 장난을 치면 "또 장난친다! 넌 왜 맨날 밥 먹을 때마다 이렇게 장난만 치는 거야? 제대로 먹는 적이 한 번도 없어"라며 꾸짖는 경우입니다. 이런 과거 소환으로 아이를 비난하는 것은 현재의 행동 수정에 효과가 없습니다. 훈육 상황에서 '또' '맨날'이라는 단어를 한 번이라도 사용한 적이 있다면 의식적으로 멈추어야 합니다. '지금 행동'에 초점을 두어 말해야 훈육 효과 있으니까요.

과거 소환하는 말 VS 현재에 집중하는 말

"또 장난친다. 지난번에도 그래서 혼나더니. 하지 말라고 몇 번이나 말했지?" (NO)

효과 있는 부모의 말에는 규칙이 있습니다

"밥 먹을 때는 장난치지 말고 먹자." (YES)

"왜 맨날 밥 먹을 때 돌아다니는 거야. 밥 먹을 때 돌아다니지 말라고 했어, 안 했어? (NO)
"식사는 의자에 앉아서 하는 거야. 앉아서 맛있게 먹자." (YES)

아이에게 과거 소환은 전혀 효과적이지 않음을 기억하세요. 언어와 인지 발달 단계상 전달되지 않는 경우가 대부분이며, 식사 시간이 혼나는 시간으로 인식될 뿐입니다. 지금에 집중해서 명확하게 말해주세요. 아이가 숙제를 미루고 놀았어도 "너는 항상 숙제는 안 하고, 놀기만 좋아하니? 지난번에도 그랬잖아"라고 과거를 소환하는 것은 아이를 방어적으로 만들고 대화를 망칠 뿐입니다. "오늘 숙제 있다고 했지? 지금 바로 시작하는 게 좋을 것 같아"라고 '지금' 행동에 집중하며 제안하는 편이 훨씬 효과적입니다.

특히 청소년기에는 부모의 과거 소환 발언에 민감하게 반응합니다. 아이가 약속한 귀가 시간보다 늦게 들어와 약속 시간을 어겼다면 "너 항상 그렇잖아. 약속해 놓고 언제 지킨 적 있어? 지난번에도 그랬잖아"라고 말하기보다 "오늘 30분 늦었네. 다음부터 약속한 시간은 꼭 지켜야 해"라고 현재 문제만 명확히 짚어야 합니다. 그렇잖으면 아이는 "내가 약속을 지킨 적이 한 번도 없다고?"하며 방어적이고 반항적으로 나올 수 있습니다. 현명한 부모는 논지가 흐려지지 않게 말하고, 아이가 자신의 잘못을 수용할 수 있도록 현재 사실에만 집중해서 말합니다.

과거를 소환하면
현재 문제를 해결할 수 없다

과거 소환은 아이에게 '나는 늘 문제야'라는 인식을 심어줍니다. 이는 아이의 자존감 저하로 이어지고, 부모와의 관계에도 금이 가게 만듭니다. 반면 '여기, 지금'에 집중한 훈육은 아이가 무엇을 잘못했는지 정확히 알게 하고, 개선 가능성을 높입니다. 특히 영아기와 유아기 아이들은 기억력이 발달 중이라 과거의 잘못을 명확히 인식하지 못합니다. 그러니 과거 행동을 끄집어내 혼내는 것은 정말 무의미합니다. 현재의 행동에만 주의를 기울이고, 잘못을 반복하더라도 일관되게 그 순간 지도해야 아이가 바른 행동을 습득할 수 있습니다.

부모가 과거의 잘못을 소환하는 이유는 '아이의 잘못된 행동의 반복' '고치지 않는 답답함' 때문이지만, 마음을 다잡고 '지금'의 행동에 집중해야 바뀔 수 있다는 것을 꼭 기억합시다.

효과 있는 부모의 말에는 규칙이 있습니다

'여기, 지금 훈육법'은 부모의 감정 경계선을 지켜주고, 아이의 변화 가능성을 높입니다. 과거의 잘못까지 꺼내면 스트레스만 많아지고 감정만 격앙될 뿐입니다. 안정적인 상황에서 훈육하려면 과거를 소환하는 대신, 오직 지금 이 순간 아이가 무엇을 했고, 무엇을 해야 하는지에만 집중해 보세요. 이런 훈육은 아이를 인격적으로 존중하는 방법이므로 분명 아이는 달라질 것입니다.

04

훈육은 단호함과 애정을
동시에 전하는 일

"10개월 된 아기가 이유식을 먹을 때면 숟가락을 달라고 떼를 부리고, 숟가락을 주면 이유식을 헤적거리고 퍼내며 장난을 칩니다. 숟가락을 안 주면 손으로 이유식을 주물럭거리면서 저를 보고 헤죽헤죽 웃으니 어떻게 하면 좋을까요? 아직은 훈육할 연령이 아니라고 들어서 참다가 저도 모르게 아기에게 화를 내게 됩니다. 이유식 시간뿐 아니라 카시트에 앉히면 울고불고 난리가 나서 외출도 못할 지경인데 어떻게 해야 할지 모르겠습니다."

어느 부모님의 육아 고민 상담인데요, 내용을 요약하면 두 가지로 정리됩니다.

고민 1. 아이가 반복하는 장난, 분명히 하면 안 되는 행동인데 아직 훈육하면 안 되겠지요?

고민 2. 그럼 어떻게 하면 좋을까요?

먼저 간단하게 답을 드리고 살펴볼게요.

첫 번째, 훈육 시기를 고민하지 마세요. 훈육해야 합니다.

두 번째, 영아기에는 말귀를 알아듣는 시기와는 달리 좀 더 세심한 훈육이 필요합니다.

훈육은 부모의 사랑을 실천하는 일, 절대 미루지 말 것

육아하면서 흔히 하는 고민 중 하나가 '훈육 시작 시기'일 거예요. 훈육을 엄격함과 단호함으로만 연결하면 훈육 시기에 대해 고민할 수밖에 없습니다. 애착 형성을 위해 아이가 요구하는 것은 즉시 들어주어야 한다는 이론쯤은 초보 부모라도 알고 있기 때문이지요. 그래서 부모라면 상담 사례와 유사한 상황을 겪으며 이런 고민에 빠집니다.

'이 정도면 훈육해야 하는 거 아닌가?'

'아직 어린데… 훈육하면 안 되겠지?'

고민하지 마세요. 훈육해야 합니다. 이유식을 가지고 계속 장난치는 아이, 가까운 거리조차 외출하지 못할 정도로 카시트에 앉아 있지 못하는 아이를 그냥 둔다면 아이는 그 행동이 해도 되는 행동인 줄 알고 계속합니다. 하면 안 되는 행동을 할 때, 부모는 아이를 위해서 알려주어야 해요. 훈육은 아이를 위한 부모의 사랑이니까요.

그럼에도 부모가 훈육을 망설이는 이유가 뭘까요. 바로, 훈육을 '혼내는 일'로 오해하기 때문입니다. 훈육은 아이의 건강하고 안전한 성장을 돕는 것이므로 어느 연령이든 할 수 있어야 합니다. 물론 아주 중요한 전제가 있지요. 부모가 아이를 신체적, 정신적으로 잘 돌봐주어 신뢰와 애착이 잘 형성된 상태에서 이뤄져야 한다는 점입니다.

- 훈육의 목표: 아이의 안전하고 건강한 성장
- 훈육의 전제: 부모와 아이의 애착 형성을 토대로 이루어져야 함

위 두 가지 기초가 견고하다면 훈육의 시기와 연령에 얽매일 이유가 없습니다. 훈육은 '단호함'과 '사랑'을 동시에 전하는 일이고 진심으로 아이를 위한 것이기 때문입니다. 단호함은 아이가 규칙을 이해하고 행동을 조절할 수 있도록 도와주며, 사랑은 아이가 부모와의 관계에서 안정감을 느끼고 자신을 긍정할 수

있게 해줍니다. 이 두 가지는 결코 상반된 개념이 아니며 두 가지가 잘 연결될 때 훈육이 효과적으로 이루어집니다.

이제 상담 글을 보면서 단호함과 사랑을 동시에 전하는 훈육의 방법과 기술을 알아봅시다.

비언어로 전달하는 훈육법

사례에서처럼 영아기에는 대화로 훈육할 수 없기에 부모의 태도와 행동이 매우 중요합니다. 일례로 생후 10개월 된 아기가 계속해서 숟가락으로 이유식을 헤적거리며 장난칠 때, 부모는 "안 돼!"라고 말하면서 동시에 "이건 먹는 거야"라고 알려주는 동시에 '너를 사랑해서 그러는 거란다'라는 마음을 전해야 합니다. 아직 언어발달 초기인 영아기에는 단호함과 사랑을 전하는 솔루션이 좀 더 복합적입니다. 부모의 태도와 언어, 표정과 행동이 총동원되어야 하지요.

- 부모의 태도: 엄격하지만 자애로움
- 부모의 언어: 아기를 보며 "안 돼"라고 말함
- 부모의 표정: 고개를 저으며 안된다는 의지를 담은 표정 짓기

- 부모의 행동: 아이가 더 이상 이유식을 가지고 장난하지 않도록 그 릇을 치움

이때 엄격하지만 사랑이 담긴 태도가 아기에게는 신뢰와 안 정감을 줍니다. 아기에게 숟가락을 거칠게 빼앗거나, 목소리를 높이거나 이유식 그릇을 함부로 치우는 것은 훈육이 아니라 불 안정 애착 형성을 하는 '거친 행동'일 뿐입니다. 단호하지만 사 랑스럽게 훈육하는 것이 중요합니다. 또한 이 시기에는 안정 애 착 형성이 중요하므로 아기가 이유식을 잘 먹었다면, 아주 꼭 안 아주며 칭찬하고 애정을 듬뿍 느끼게 해주세요. 이런 단호함과 애정은 아이에게 이런 인식을 자리 잡게 합니다.

'안 되는 행동은 받아들여지지 않는구나.'

'안 되는 행동을 계속하면 내가 불편하구나.'

'안 되는 행동을 하면 내가 제일 좋아하는 사람이 웃어주지 않 는구나.'

'이렇게 하니까 배부르게 먹을 수 있구나'

'이렇게 하니까 내가 최고로 대접받는구나.'

'이렇게 하니까 내가 제일 좋아하는 사람이 웃는구나.'

이것이 단호함과 애정을 가진 훈육입니다. 영아기부터 안 되

245   효과 있는 부모의 말에는 규칙이 있습니다

는 건 안 된다는 틀을 형성해 주면, 아이는 스스로를 통제하는 힘을 서서히 기릅니다.

아이에게 이런 패턴 형성이 되도록 하는 게 이 시기 훈육의 기술입니다.

카시트에 앉히는 것도 같은 원리로 접근하세요. 부모가 필요해서 외출해야 한다면 아이는 카시트에 앉아야 합니다. 물론 처음에는 거부할 거예요. 카시트가 아직 낯설고 엄마 품보다 불편하니까요. 하지만 일관성 있게 카시트에 앉도록 해야 합니다. 그러면 아이는 '카시트에 앉는 것이 엄마의 품보다 불편하지만, 차에 탈 때는 여기 앉아야 하는구나'라며 점점 적응해 갑니다. 이 시기 훈육은 말로 가르치기보다 아이가 몸으로 체득하며 일상의 틀을 잡아나가게 하는 것입니다. 일명 '적응'이라고 할 수 있지요. 이런 적응 경험은 아이가 성장하면서 장차 하기 싫지만 해야 하는 것에 적응하는 데 유용합니다. 양치하기 싫지만 양치하는 것, 제 시간에 자기 싫지만 시간에 맞춰 자는 것, 공부하기 싫지만 공부하는 것으로 확대됩니다. 이 적응 능력이 바로 절제력, 조절력입니다.

어리다고 봐주면
훈육은 점점 어려워진다

부모가 옳다고 확신하고, 사회가 지향하는 가치관이라면 '확신'을 가지고 훈육하세요. 아이가 어리다고 봐주면, 이후 훈육이 어렵습니다. 3세 이전에도 훈육이 필요하다고 한 이유는 이후의 훈육이 이 시기에 다진 기초 위에서 가능하기 때문입니다.

'부모 말을 듣는 게 중요해.'

'부모가 하라는 데는 이유가 있어.'

이런 인식을 하는 아이는 부모의 말을 따릅니다. 아이를 복종형으로 키우라는 게 아닙니다. 부모의 권위가 아이로 하여금 부모 말을 듣고 싶게 하고 따르고 싶게 만들어야 합니다. 그럴 때 비로소 '다 너 잘되라고 하는 거야!'라는 훈육의 기본 명제가 참 명제가 되지요.

만약에 부모가 아이를 사랑한다는 명목으로 "아직 어려서 그런데 봐주자" "얼마나 장난치고 싶으면 그랬겠어. 아직 어린데…." "얼마나 힘들면 저러겠어. 한 번만 봐주자"라며 훈육을 못한다면 어떻게 될까요?

이건 사랑하기에 봐주는 게 아니라 방임입니다. 아이는 점점 기준을 모르고, 제멋대로 행동하며 규범을 따르지 못하는 사람이 됩니다.

효과 있는 부모의 말에는 규칙이 있습니다

단호함이 없으면
아이는 무너진다

훈육은 아이 인생의 기초 공사를 단단하게 해주는 일입니다. 기초 공사는 표면적으로 보이지는 않지만, 건물을 세우는 데 있어 많은 시간과 공을 들이는 부분이죠. 그만큼 어렵고, 수고스러운 일입니다. 훈육이 어려운 이유죠. 절대 대충해서도 안 되고, 절대 빼놓아서도 안 되는 고난도의 육아 파트입니다. 훈육의 기술이 필요한 이유이기도 합니다.

훈육은 해야 하는 것과 하면 안 되는 것의 경계를 분명히 알려주는 것이기에 '단호함'이 있어야 하지만 단호함과 애정의 균형을 절대 잃지 않아야 합니다. 단호함만 있고 사랑이 없다면 아이는 위축되거나 반항심이 생길 수 있습니다. 반대로 사랑만 있고 단호함이 부족하면 경계가 흐려져 아이가 규칙을 제대로 인식하지 못하게 됩니다. 따라서 부모는 "지금 이 행동은 안 된다"는 메시지를 분명히 하면서도 "넌 소중한 존재야"라는 마음을 전해야 합니다.

아이는 사랑하는 부모가 분명한 경계를 세워주면 안전함을 느끼고, 동시에 스스로 행동을 조절하며 성장하게 됩니다. 부모의 훈육 여부에 따라 '맘대로 하면 안 되는 것'을 아는 조절력 높은 아이가 되기도 하고, '제 맘대로만 하는' 아이가 되기도 합니다. 좋은 훈육은 '내 맘대로 하고 싶은' 욕구를 '내 맘대로만 할 수는 없어'로 전환시킬 수 있습니다. 내 아이가 조절하고 절제하며 바람직한 가치관으로 당당하게 살아가기 위해서는 부모가 이성적인 단호함과 애정 어린 훈육을 해줘야 합니다. 아이의 행복한 인생은 부모의 단호함과 사랑을 동시에 전하는 훈육에 달려 있음을 잊지 맙시다.

효과 있는 부모의 말에는 규칙이 있습니다

05

아이가 예측할 수 있어야
습득 가능한 규칙

"엄마, 나 게임하면 안 돼?"

아이가 조심스럽게 다가오며 말합니다. 엄마는 아이가 안쓰럽다는 생각이 들었습니다. 좀 전에 동생과 다퉜다고 혼을 내서 마음이 편치 않았는데, 엄마 눈치를 보는 것 같아 짠하게 느껴졌지요. 엄마는 아이를 안아주며 다정하게 말했습니다.

"게임하고 싶어?"

"응. 조금만 할게. 아까 못했잖아."

"동생하고 싸워서 못 한 거잖아. 그러니까 다음부터는 싸우지 마. 게임 조금만 할 거지?"

"응. 조금만."

"알았어. 그럼 조금만 하고 나서 공부해. 알았지?"

한 시간 남짓 후에 저녁 시간이 되어 아이 방에 들어갔더니 여전히 게임 삼매경입니다.

"너, 아직도 하고 있어? 게임 조금만 하고 공부한다고 했지? 휴대폰 이리 내놔. 너 일주일 동안 게임 금지야."

"아, 엄마. 안 돼."

"우리 집 규칙 몰라? 게임 시간 약속 안 지키면 일주일 게임 금지야. 조금만 한다는 너를 믿은 내가 정말 후회돼!"

엄마는 아이 방을 나오면서 저절로 한숨이 나왔습니다.

일관성을 지키지 않으면 공든 탑 무너진다

엄마는 아이의 무엇을 믿었을까요? 아이가 무엇을 잘못했길래 아이를 믿은 것을 후회할까요? 너를 믿은 걸 후회한다는 엄마의 한숨 섞인 말을 아이가 들었다면 아이는 자신에 대한 부정적 감정은 물론, 부모를 불신하게 될 수도 있습니다. 애착 형성이나 좋은 관계를 위해서 아주 많은 공을 들여야 하지만 공든 탑을 무너뜨리는 것은 한순간입니다. 결론적으로, 아이가 잘못한 것은 없습니다. 공든 탑이 무너진 원인은 일관성 없는 훈육

효과 있는 부모의 말에는 규칙이 있습니다

때문입니다.

위 사례에서는 게임 시간을 반드시 지킬 것, 그리고 이를 어겼을 때는 일주일간 게임 금지라는 분명한 규칙을 정해놓은 듯합니다. 그런데 이 규칙이 다름이 아닌 엄마에 의해 흐지부지되어 버렸습니다. 아이를 혼내고 나서 안쓰러운 마음이 들었는데, 아이가 눈치 보며 요청하니까 엄마 마음이 흔들렸던 거죠. 그러다 보니 평소에 강조했던 게임 시간에 대한 약속을 '조금만'이라는 불분명한 시간으로 말했던 거예요. 엄마는 아이가 '게임을 조금 하고 나서 공부를 할 거'라고 믿었지만, 사실 게임 하다 보면 시간 가는 줄 모르게 됩니다. 아이가 약속을 안 지켜서 문제가 생긴 것이 아니라, 일관성 없음과 불분명한 약속으로 또 다른 훈육 상황이 만들어진 것입니다.

육아에서 일관성은 아주 중요합니다. 특히 습관 들이기나 훈육 사항에서 중요한 덕목이 바로 '일관성'입니다. 부모의 말과 행동, 규칙을 지키는 태도가 일관될 때 아이는 안정감을 느끼며 규칙을 받아들일 수 있습니다. 반대로 이랬다저랬다 하며 일관성이 없으면 아이는 혼란스러워하고 불안해하며 경계심이 높아집니다. 눈치꾸러기가 되는 것도 이런 이유 때문입니다.

지킬 건 지키는 일관성이 아이를 건강하게 키웁니다. 또 지킬 것을 지킬 때, 아이의 사회성과 좋은 인성이 만들어집니다.

'기분'이 '기준'이 되면
규칙을 익히지 못한다

그런데 부모의 기분에 따라 훈육 기준이 달라진다면, 아이는 눈치만 보게 되고 규칙도 익히지 못하게 됩니다.

융통성과 비일관성은 전혀 다릅니다. 육아에서 '일관성'과 '융통성'이 있어야 하는 건 맞지만, 부모 기분에 따라 달라지는 것은 융통성이 아니라 비일관성입니다. 부모 기분에 따라 기준이 달라지면 부모 기분에 따라 아이의 행동도 달라집니다. 부모 눈치 보느라 아이의 눈동자가 흔들리고, 불안한 태도가 몸에 배게 되지요. 일관성 없이 아이를 키우면, 자신감 없고 자존감 낮은 아이로 성장합니다.

일관성은 '안 되는 것은 안 되는 것'입니다. 부모의 기분 좋을 때는 됐다가, 기분이 안 좋을 때는 안 된다고 하는 '기분대로' 육아는 융통성과는 전혀 다릅니다. 만약에 융통성이 필요한 상황이 생기면 그럴수록 확실하게 말해주세요. 사례의 경우에서처럼 아이가 30분 정도 게임을 해도 된다고 판단된다면 이렇게 말해주는 거예요.

효과 있는 부모의 말에는 규칙이 있습니다

"게임 시간은 30분이야. 게임 마치고 휴대폰은 엄마에게 가져다줘."

그리고 아이가 보는 데서 알람을 맞추어야 합니다. 물론 30분 후 엄마가 아이 방에 들어가 확인하는 것도 필요해요. 아이에게 이런 기준이 확고해지도록 말이죠.

'(게임 시간 약속) 규칙은 꼭 지켜야 하는구나.'

하지만 아이를 키우다 보면 너무 엄한 잣대를 들이대는 것 같아서 마음이 편치 않을 때가 있습니다. 그래서 어떤 때는 엄하게 금지하고, 어떤 때는 쉽게 허락하기도 합니다. 그런데 이런 부모의 생각과는 달리, 일관성은 오히려 아이를 편안하게 한다는 것을 잊지 마세요. 반복적이고 일정하면 예측이 가능하고, 그 예측 가능함 속에서 안정감과 편안함을 느끼니까요.

일관성에 대한 다양한 사례

아기가 잠들기 전에 울 때, 어떤 날은 안아주며 달래주고, 어떤 날은 무시하며 혼자 둔다면 어떨까요? 아기는 부모의 반응이 매번 달라 불안해하며 잠들기 어려워합니다. 그러나 매일 밤 비숫한 루틴과 태도로 아이를 재우면 아기는 '이 시간은 잠자는 시간'이라는 일관된 신호를 받아들여 안정적으로 잠들 수 있습니다. 만약 부모의 기분과 컨디션에 따라 "엄마 힘들다니까. 왜 안 자는 거야?" 하거나 "잠이 안 와? 엄마가 안아줄까?" 하면 일정한 수면 패턴이 형성될 수 없습니다. 그러나 양육자가 바뀌거나 아기가 아플 때와 같이 특수한 상황에서는 유연하고 융통성 있게 대처해도 됩니다.

이런 예는 어떤가요?

"어느 날 아이가 고양이 꼬리를 잡아당기는 거예요. '그러면 안 돼'라고 소리쳤더니 아이가 제게 안겨 엉엉 울어서 '엄마가 미안해, 미안해. ○○가 미워서 그런 거 아냐. 미안해' 하고 달래 줬어요. 그런데 어느 날, 아이가 제 눈치를 빤히 보면서 고양이 꼬리를 잡아당기는 거예요."

5세 아이를 둔 엄마의 상담 내용입니다. 고민의 요지는 일관되게 혼내야 하는 건지, 만지고 싶은 마음을 공감해 줘야 하는 건지 모르겠다는 것이었습니다. 그런데 이 상황은 공감과 훈육의 문제가 아니라 '일관성'이 핵심입니다. 안 되는 건 안 되는 것이라는 일관성을 유지해야 합니다. 그런데 아이는 안 된다는 엄마의 말을 들었음에도 왜 눈치를 보며 고양이 꼬리를 잡아당기려 했을까요.

효과 있는 부모의 말에는 규칙이 있습니다

첫 번째, 엄마의 "미안해"라는 말이 아이에게 헷갈리게 전달됐을 수도 있습니다.

두 번째, 아이의 행동에 일관성 있게 대하지 않아서입니다.

소리 질러서 아이를 놀라게 한 점이 미안했다면, "엄마가 소리를 질러서 미안해"라고 미안한 이유를 말하고, 하면 안 되는 아이의 행동에 대해서는 명확히 말해주어야 합니다.

"엄마가 소리를 지른 것은 미안해. 하지만 고양이 꼬리는 잡아당기면 안 되는 거야."

이런 사례도 있습니다. 아이와 저녁 7시로 공부 시간을 정해 놓았는데, 어느 날은 7시에 꼭 공부하도록 하고, 어떤 날은 그 시간에 놀게 내버려 둔다면 아이는 혼란스러워합니다. 시간을 정했으면 정해진 시간에 숙제를 하도록 일관성을 유지해야 합니다. 그래야 아이도 생활 리듬을 익히고, 공부 습관을 들이게 됩니다.

스마트폰 사용 시간에 대한 일관성은 어떤가요. 어떨 때는 규칙을 내세워 엄격히 제한하고, 어떨 때는 대충 넘어간다면 아이는 부모의 권위에 의문을 품고 자율성을 과도하게 행사하려 할 수 있습니다. 정한 규칙은 일관성 있게 지키고, 만약 조정이 필요하다면 아이와 대화해서 신중히 결정하고, 이후에는 일관성 있게 적용해야 합니다.

일관성은 아이에게
편안함과 안정감을 준다

육아를 하는 상황에서 일관성을 지키지 않는 예는 자주 발생합니다. 부모도 때로 감정과 기분에 흔들리기 때문이죠. 아이가 사랑스러울 때는 한없이 관대해지고, 컨디션이 안 좋을 때는 아이의 예사로운 행동도 그냥 지나치지 못하기도 합니다.

일례로 아이가 엄마에게 장난감을 던졌을 때, 어떤 날은 부모가 단호하게 대하고, 어느 날은 느슨하게 넘어가는 모습을 보인다면 아이는 하지 않아야 할 행동이 무엇인지 판단하기 어렵습니다. 결국 아이는 자신이 원하는 행동을 시도해 보고, 규칙을 무시하려 할 수 있습니다. 부모의 기분이 아니라 원칙에 따라 일관된 태도로 대할 때 아이가 규칙을 명확히 인식합니다.

일관된 태도는 아이가 부모의 태도를 신뢰하고 안정감을 느끼게 해줍니다. 부모가 말대로 행동하고 약속을 지킬 때 아이는 부모를 더 존중하고 규칙을 받아들이며 책임감 있게 성장할 수 있습니다. 반면 훈육에 일관성이 없으면 아이는 예측할 수 없는 환경에 놓이게 되어 스트레스를 많이 받게 됩니다.

마지막으로 부모가 일관성을 유지하기 위해서 꼭 갖춰야 할

효과 있는 부모의 말에는 규칙이 있습니다

것이 있어요. 바로 부모가 자신과의 약속을 지키는 것입니다. '지금 피곤하니까 대충 넘어가자'라는 마음이 아니라 '원칙대로 한다'는 마음가짐이 있어야 합니다. 이 과정에서 모든 양육자가 규칙을 공유해서 실천하면 더욱 안정적으로 일관성을 지킬 수 있습니다.

그리고 일관성은 사랑과 결합될 때 더욱 빛을 발한다는 사실을 기억해 주세요. 엄격하고 냉정하기만 한 일관성은 아이를 위축시키지만, 따뜻한 마음으로 일관성을 지킬 때 아이는 규칙을 이해하고 존중하면서도 '나를 위해 그런 거야'라며 부모의 사랑을 느낍니다. 일관성으로 훈육의 공든 탑을 견고하게 하고, 그 위에 좋은 습관과 가치관의 탑을 쌓아 올려 주세요. 부모의 일관성은 아이로 하여금 예측할 수 있게 하여 안전감을 주고 건강한 자율성과 조절력을 가진 사람으로 자라게 합니다.

> ### 효과 만점 훈육의 말
>
> "소리 지른 건 미안해. 엄마가 놀라서 그랬어. 그런데 지금 한 행동은 하면 안 되는 거야."
>
> 아이에게 미안한 일과 아이가 잘못한 것을 담담한 어투로 분명하게 짚어주면, 잘못을 교정하면서 미안한 마음도 함께 전할 수 있습니다.

06

참지 말고, 봐주지 말고, 제대로 훈육하기

"한 번만 봐준다."

"엄마가 지금 참고 있는 거니까 좋게 말할 때 들어."

매번 훈육하자니 잔소리 같아 '봐주고' '참고' 지켜보는 경우가 종종 있습니다. 부모로서 아이의 잘못을 봐주고, 참는 게 나쁠 리 없지만, 봐주고 참다가 결국은 감정적으로 되기 때문에 훈육 목표는 이뤄지지 못합니다. 봐주다가 훈육하면 사랑을 담은 훈육이 아니라, 아이에 대한 화를 품고 훈육하게 되어 감정만 폭발할 확률이 높습니다.

아이가 잘못된 행동을 할 때 참지 말고, 봐주지 말고, 바로 훈육해야 합니다. 처음부터 훈육답게 해주세요.

효과 있는 부모의 말에는 규칙이 있습니다

한 번 봐주면,
다음 약속이 흐지부지 된다

엄마가 방에 들어가자 아이가 놀라, 휴대폰을 옆으로 휙 던져 놓습니다. 휴대폰에 빠져 노크 소리도 못들은 것 같습니다.

"너, 또 또 스마트폰! 이리 내놔. 그러니까 공부할 때 폰 엄마한테 맡기라고 했지? 안 본다고 약속해 놓고! 약속 어기면 어떻게 한다고 했어. 폰 압수야!"

"아, 엄마. 이제 막 만진 거야. 진짜야. 봐봐. 공부했다고. 진도도 이만큼 나갔잖아."

엄마는 아이의 교재를 보곤, 금세 부드러워진 목소리로 말합니다.

"알았어. 이번 한 번만 봐준다. 한 번만 더 그래봐. 그때는 안 봐줄 거야."

아마도 엄마는 아이의 학습 진도가 만족스러웠나 봅니다. 하지만 결과(진도)와 관계없이 세 가지 이유에서 약속 불이행을 봐주면 안 됩니다.

첫 번째, 봐준다는 것은 아이를 위한 것이 아니라 부모의 기분에 좌우된 결정입니다. 부모 기분에 따라 훈육 여부를 결정한다면 훈육의 본질을 약화시킵니다.

두 번째, 봐준다는 것은 부모 스스로 약속이나 규칙을 무시한다는 것입니다. 앞으로 아이와의 약속이나 규칙이 무의미해집니다.

세 번째, 규칙을 어겼거나 훈육 상황임에도 부모가 봐준다는 것은 바람직하지 않은 것을 용인한다는 의미가 됩니다. 예를 들어 "약속 안 지켰으니, 스마트폰 이리 내놔"라고 말했다면 실행해야 합니다.

참다가 훈육하면
부모의 민낯만 보인다

바로 훈육하지 않고, 참다가 감정이 폭발하는 사례도 아주 많습니다. 식탁에서, 정리 상황에서, 생활 습관을 들이는 과정에서 너무도 많이 일어나죠. 그때마다 훈육하자니 잔소리꾼이 되는 것 같아 '참자'고 결심할 때도 있습니다. 하지만 속내를 살펴보면 참는 것이 아니라 '두고 보자'는 심리가 작용한 것입니다. 흔하게 벌어지는 식탁에서의 예를 살펴볼게요.

아이가 밥을 먹다가 장난을 칩니다. 엄마는 '또 그러네' 싶어 화가 났지만 참고, 좋게 말합니다.

"장난치지 말고 얼른 먹어."

그럼에도 아이가 계속 장난을 칩니다. 엄마는 '한 번만 더 참 자'라고 생각하며 말합니다.

"엄마가 좋게 말할 때 이쁘게 먹어."

아이가 이 말에도 아랑곳 않고, 이번에는 숟가락으로 밥을 퍼서 식탁에 흐트러뜨립니다. 참고 지켜보던 엄마가 아이의 숟가락을 빼앗으며 소리칩니다.

"엄마가 하지 말라고 몇 번이나 말했지!"

참으며 삭이던 분노가 폭발하다 보니 목소리가 날카로워집니다. 참은 만큼 화가 커져서 숟가락 뺏는 손길도 거칠어집니다.

아이 입장에서 이 상황을 볼까요? 아이는 엄마가 얼마나 참았고, 몇 번이나 말했는지 모릅니다. 엄마가 좋게(부드럽게, 친절하게) 말하니까 자신의 어떤 행동이 잘못됐는지도 정확히 알지 못하죠. 부모로서는 이 정도면 알아듣겠거니 하지만, 현재 욕구(밥은 먹기 싫고, 장난은 재미있는)에 충실한 아이에게는 엄마의 말이 제대로 전달이 될 수 없습니다. 참다가 거칠어지지 말고, 즉시 단호해야 합니다.

이쁘게 먹는다는 게 무엇인지 구체적으로, 바르게 앉아 먹는다는 게 어떤 것인지 구체적으로 말해주는 것이 훈육입니다. 지나가듯 말하며 참지 말고, 처음부터 정확하게 지침을 알려주세요. 참다 폭발하면 두서없이 감정적으로 대하게 되니까요. 아렇게 해보세요.

먼저, 훈육 분위기를 조성합니다.

아이의 이름을 부르고, 아이를 바라보세요. 훈육을 위해 아이를 집중시키는 방법이에요. 사례의 경우에는 아이의 장난을 멈추도록, 숟가락을 아이 손에서 가져오는 것이 좋습니다.

• 아이의 이름 부르기 → 바라보기 → 아이 손에서 숟가락 가져오기

두 번째, 단호한 목소리로 아이에게 행동과 선택을 제안합니다.

"안 먹고 싶으면 숟가락 내려놔."

"계속 장난치면, 엄마가 화가 날 것 같아."

이렇게 안 되는 행동을 알려주고, 바람직한 행동을 제시합니다. 그리고 그 행동을 반복할 때 부모가 엄격해질 수 있음을 알려주어 아이가 선택하게 하세요. 그게 훈육입니다. 이 방법은 참으면서, 지나가듯 말하는 것과는 전혀 다릅니다. 참다가 훈육하면 부모의 민낯만 보일 뿐입니다. 참지 말고, 봐주지 말고 제대로 훈육하는 3단계 솔루션을 알려드릴게요. 다양한 육아 상황에서 응용해 보세요.

효과 있는 부모의 말에는 규칙이 있습니다

참지 말고, 봐주지 말고
훈육하는 3단계

첫 번째 단계, '예고'입니다.

아이에게 분명히 지침을 알려주며 예고합니다.

"음식 가지고 장난치지 마. 계속 장난치면 엄마가 화낼 거야."

만약에 아이가 뛰어다닌다면 "여기선 뛰면 안 돼. 계속 뛴다면 여기서 놀 수 없어"라고 안 되는 행동을 정확하게 알려줍니다. 그리고 그 행동을 반복하게 될 때 어떻게 할 것인지 알려주는 게 예고입니다. "엄마가 지금은 참지만 이따가 혼낼 거야"라고 하는 것과는 아주 다른 방법입니다. 왜냐하면 예고하기는 훈육을 미룬 게 아니라, '예고라는 방법'으로 이미 훈육에 들어간 것이기 때문입니다. 이 단계에서 아이가 그 행동을 멈추면 훈육은 끝나지만, 잘못된 행동을 멈추지 않을 때에는 두 번째 단계로 갑니다.

두 번째 단계, 아이에게 선택권을 줍니다.

아이에게 선택권을 주는 것은, 이후에 발생하는 일에 아이가 '책임'을 진다는 의미이므로 아주 중요합니다.

"네가 계속 장난치면 먹을 수 없어. 선택은 네가 해."

"네가 계속 돌아다니면 우리는 집에 가야 해. 네가 선택해."

아이에게 선택권이 넘어가는 것이기 때문에, 부모는 아이의 선택(행동)에 따라 실행하면 됩니다. 이 단계에서 아이가 잘못된 행동을 멈추는 것을 선택하면 좋겠지만 그렇지 않을 때는 세 번째 단계로 갑니다.

세 번째 단계, 아이가 선택한 대로 실행합니다.

아이가 계속 그 행동을 한다면 아이가 선택한 것입니다. 아이가 선택했음을 확인시켜 주고, 단호하게 훈육하며 실천에 옮깁니다.

"그만 먹자. 하지만 엄마가 다 먹을 때까지 앉아 있어야 해."

"네가 계속하면 집에 간다고 했지? 네가 선택한 거야. 가자."

여기서 특별히 주의할 점이 있어요. 세 번째 단계에서 흔들리면 안 됩니다. 아이가 정말 반성하는 태도를 보이거나 사랑스럽게 해도 실행해야 합니다. 그렇지 않으면 1, 2단계의 노력이 물거품 됩니다. 아이에게 부모는 말하는 대로 실천한다는 인식이 생겨야 훈육이 성공할 수 있습니다. 훈육 효과는 물론, 부모 말에 대한 권위와 신뢰도 높아집니다. 만약에 아이가 위험한 행동을 할 때는 세 번째 단계까지 가면 안 됩니다. 즉시 행동을 제지하며 훈육하세요.

효과 있는 부모의 말에는 규칙이 있습니다

훈육을 한다는 것은 그만큼 아이가 아이답다는 것이며, 부모와 아이의 관계가 건강하다는 의미이기도 합니다. 부모로부터 훈육을 잘 받은 아이는 행복한 삶을 살게 됩니다. 세상의 기준을 알고, 스스로를 조절하며 해야 할 것과 하지 말아야 할 것을 아는 사람이니까요. 훈육은 부모가 아이에게 주는 최선의 사랑입니다.

07

오늘 혼내고,
내일 미안해하지 않는 훈육법

훈육 후 감정이 진정되고 나면 갈등하는 부모가 많습니다. 아이에게 잘못을 지적하는 것이 맞다고 생각하면서도, 주눅 들어 있는 아이를 보면 미안한 마음이 듭니다.

'내가 너무 심하게 한 건 아닐까?'

'아이를 위해서 어쩔 수 없지. 저 잘되라고 그런 거니까.'

'그래도 내가 감정적이었던 것 같아. 그렇게까지 할 필요는 없었는데….'

이런저런 생각이 교차하며 미안해져서 아이에게 "정말 미안해"하며 사과하고 더 잘해주려고도 합니다. 특히 화내며 훈육했다면 아이에게 미안한 마음이 드는 건 부모로서 자연스러운 감정이지만, 문제는 미안함을 잘못 표현하면 기껏 훈육해 놓고 훈육 효과를 떨어뜨리게 됩니다. 훈육 효과가 떨어지는 경우와, 그로인해 생기는 부정적 패턴을 살펴봅시다.

첫 번째, 지나치게 미안해하는 경우입니다.

"엄마가 미안해. 정말 미안해."

이러면 아이는 좀 전에 받은 훈육에 대해 의문을 갖습니다. 자신의 잘못으로 훈육을 받은 것보다 엄마가 자신에게 뭔가 미안해할 행동을 했다는 것이 더 부각되기 때문입니다.

두 번째, 이런 상황이 반복되면 이후의 훈육은 엄마의 반복된 습관으로 비쳐집니다. 아이는 자신의 잘못된 행동이 아닌 엄마가 또 화를 낸다고만 생각하게 됩니다.

세 번째, 아이에게 이런 패턴이 형성됩니다.

[엄마가 혼낸다 → 엄마가 미안하다고 한다 → 혼내기 전보다 더 잘해준다]

이렇게 되면, '훈육의 원인'은 '아이의 잘못된 행동'이고, 부모는 이것을 수정하려는 의도였지만 부모의 미안하다는 표현 때문에 훈육의 원인과 의도는 사라지고, 부모 혼자 혼내고 미안해하는 것이 되어버립니다. 훈육하고 미안해하고, 또 훈육하고 또 미안해한다면, 훈육 효과가 없을 뿐 아니라 아이는 부모의 극과 극의 감정을 반복적으로 경험하면서 '우리 엄마 이상해' 하고 생각할 수도 있습니다.

미안하지 않게 되는,
세 가지 생각

미안하지 않게, 아이로 하여금 자신의 행동을 수정하도록 제대로 훈육하는 방법에는 세 가지가 있습니다.

첫 번째, 아이의 실수와 잘못을 대하는 부모의 태도를 돌아봐야 합니다.

'애, 또 이러는구나' 하는 부정적 생각을 하면 저절로 화가 납니다. '애가 내 말을 무시하나'로 이어지며 화가 분노로 커질 수도 있습니다. 그 상태로 훈육하면 조금 이따 또 미안해지는 실수를 하게 되지요. 그럴 땐 '이번 일은 처음 일어난 일'이라고 생각해 보세요.

두 번째, '생각을 바꾸자' '일부러 그런 게 아닐 거야'라고 되뇌어 보세요. 생각의 전환은 부모의 화를 가라앉히고, 아이 입장에서 생각하게 합니다.

세 번째, 말하기 전에 아이를 바라보며, '너도 잘하고 싶었을 거야' 하는 생각을 해보세요. 이 생각은 아이에 대한 긍정적 믿음으로 이어집니다.

부모가 아이의 행동을 어떻게 바라보고 생각하느냐에 따라 미안해하지 않는 훈육을 할 수 있습니다. 그러면 지금 (감정적

효과 있는 부모의 말에는 규칙이 있습니다

으로) 혼내고, 이때 (감정에 겨워) 사과하는 일이 줄어듭니다. 정리해 볼까요.

'또 그런 게 아니라 지금 처음 일어난 일이야.'

'일부러 그런 게 아니라 이유가 있을 거야.'

'아이도 잘하고 싶었을 거야.'

지금 혼내고 이때 미안해하는 훈육은 아이에게 혼란을 주고, 부모도 스트레스에 시달리게 합니다. 당장의 분노나 답답함에 휩싸여 감정적으로 대응하면 아무리 어린아이라도 부모의 감정을 고스란히 느끼고 불안해할 수 있어요. 미안해하지 않는 실제 훈육의 사례를 몇 가지 살펴볼까요.

아이가 과제를 미루고 놀다가 저녁 늦게서야 안 한 것을 알게 되었다면, 어떻게 해야 미안하지 않을 훈육을 할 수 있을까요? 부모의 꾸중을 받아들이면서도 존중받는 느낌을 받게 하면 됩니다. "너는 노는 것만 좋아하니?"라든가 "도대체 약속을 지킨 적이 없구나. 다음부터는 어림도 없어"라는 식의 말은 아이의 과제 효율을 높일 수 없는 것은 물론이고 반감만 키웁니다. "시간이 넉넉하지 않으니까 20분 동안 집중해서 끝내야 할 거야" 등 현실적인 내용을 바탕으로 인격적으로 말해야 미안함을 남기지 않습니다. 당연히 해야 할 일도 마치도록 할 수 있지요.

아이가 게임하는 시간을 오버했을 때, 화내고 나서 미안해하지 말고, "우리가 의논해서 약속을 정했던 거야. 지키지 않으면 결과가 따라올 수밖에 없어"라고 단호하지만 이성적인 말을 한다면 아이도 책임감을 느끼고 규칙을 존중할 가능성이 높아집니다. 중요한 것은, 이렇게 하면 후회나 미안함에 휩싸여 불필요한 사과나 변명을 하지 않게 됩니다.

미안함을 표현하는 노하우

가장 좋은 것은 미안해할 상황을 만들지 않는 것이지만, 단번에 되지 않으므로 빈도를 줄여야 합니다. 만약 미안한 상황이 되었다면, 그 마음을 효과적으로 표현해 보세요.

미안함을 효과적으로 표현하는 2단계

1단계. 아이의 실수와 잘못 언급

→"물건을 던지는 건 하면 안 되는 행동이야."

2단계. 미안한 부분 언급

→ "엄마가 소리를 지른 건 미안해."

✚ 이때 중요한 것은 '아이가 잘못된 행동을 했다는 것을 분명히 알려주는 것'입니다. 부모의 미안함만 크게 부각시키면 아이는 '나는 아무 잘못도 없는데 엄마가 나에게 화냈구나'라고 잘못 인식합니다.

사실 부모가 아무리 제대로 훈육한다고 해도 아이 입장에서 혼나는 느낌을 완전히 배제할 수는 없습니다. 하지만 부모 스스로 생각할 때 아이에게 한 훈육이 미안하지 않으면 됩니다. 미안하지 않다는 것은 감정을 잘 조절했다는 의미이며, 진심으로 아이를 위해 훈육했다는 뜻입니다. 훈육하기 전에 부모 스스로 이런 질문을 해본다면 더 효과적이겠지요.

'지금 혼내는 방법이 이따 미안할 일은 아닌 거지?'

이 질문에 "그렇다"는 대답이 나온다면, 충분히 좋은 부모입니다.

감정 폭발을 줄이는 셀프 체크 리스트

감정을 주체하지 못하는 부모의 표정과 말투는 아이로서 감당하기 어렵습니다. 아이는 마음으로부터 서서히 부모를 밀어내며 대화의 벽을 쌓아 올리게 됩니다. 그렇게 사춘기가 되면 부모와 아이 사이의 벽은 감당할 수 없을 만큼 높아집니다. 무엇보다 육아에서는 '부모의 감정을 잘 다스리는 것'이 중요합니다. 아이를 사랑하기에, 그리고 아이 때문에 감정이 폭발하는 일이 잦기 때문입니다. 화를 내지 말자는 것이 아닙니다. 현명하게 내자는 것입니다.

아래의 '감정 폭발을 줄이는 셀프 체크 리스트'를 보고 내가 지금 어떤 상태인지 빠르게 점검해 봅시다.

1. 지금 내 몸 상태 확인하기

첫 번째 체크는 내 몸 상태를 확인하는 것입니다. 긴장감, 두근거림, 땀, 얼굴이 뜨거워지거나 손이 떨리는 등의 신체적 신호를 알아차리세요. 예를 들어, 아이가 계속해서 장난감을 던질 때 "그만해!"라고 소리치기 직전에 숨이 빨라지고, 근육이 긴장되는 느낌이 든다면 이런 신호는 감정이 곧 폭발할 준비가 되었다는 신호입니다. 이럴 때는 깊게 숨을 천천히 들이마시고, 천천히 내쉬면서 긴장된 몸을 이완시켜 주세요. 신생아를 돌볼 때도 마찬가지입니다. 아기가 울음을 멈추지 않아 지칠 때도 이완 호흡을 하면 마음을 진정시키는 데 도움이 됩니다.

화가 나면 폐가 뜨거워지고, 심장 박동이 빨라집니다. 폐를 식히고, 심장 박동수를 평소처럼 유지하기 위해 호흡을 천천히 깊게 하고, 어깨를 펴는 등 몸을 충분히 이완시키세요.

2. 지금 내 감정의 이름 알기

분노인가요? 짜증인가요? 무력감인가요? 감정을 정확히 명명하는 것만으로도 감정을 관리하기 쉬워집니다. 우리는 흔히 감정이 올라올 때 '나도 잘 모르겠다' '내가 왜 이러는지 모르겠다'고 합니다. 그래서 감정을 모른 채 뒤엉킨 감정을 마구 표출할 때가 있습니다.

예를 들어, 아이가 숙제를 미루고 자꾸 놀기만 할 때 '화가 난다'는 감정을 인지하면, '왜 화가 나는지'도 생각할 수 있습니다. '아, 내가 피곤해서 그런가?' 아니면 '아이가 자꾸 말을 안 들어서 그런가?' '아이가 알아서 하지 않는 것에 대해 화가 나는 건가' 이런 감정의 자각이 무분별한 감정 폭발을 막습니다. 감정을 표현하는 것과 자신도 모를 감정을 폭발시키는 것은 아주 다릅니다. 감정의 이름을 알면 아이에게 부모의 상태를 흥분하지 않고 말할 수 있습니다.

3. 내가 아이에게 원하는 것 파악하기

어떤 상황이 발생했을 때, 그 순간 부모로서 가장 바라는 것이 무엇인지 자신에게 물어보세요.

'아이가 내 말을 듣고 즉시 행동해 주길 원한다.'
'아이와 대화를 나눠서 문제를 해결하고 싶다.'
'아이에게 물어보면 대답을 해주었으면 좋겠다.'

바라는 것이 분명해지면 감정이 흔들려도 중심을 잡기가 쉽습니다. 예를 들어, 아이가 영상 시청 시간을 지키지 않을 때 '바로 스마트폰을 치우게 하고 싶다'는 욕구와 '아이를 이해하고 대화를 통해 조율하고 싶다'는 욕구가 충돌할 수 있습니다. 이럴 때에는 우선순위를 정해서 아이에게 요청하는 게 낫습니다.

효과 있는 부모의 말에는 규칙이 있습니다

'아이가 언제 내 말을 들은 적이 있어?'

'내가 이렇게 해 봐야 소용없겠지.'

이런 부정적 예측은 절대 금물입니다.

'내가 원하는 것을 잘 전하자'라는 마음으로 "엄마는 네가 ○○ 해줬으며 좋겠어" 하고 요청해 보세요. 감정 폭발이 아닌 마음을 표현하는 권위 있는 부모의 모습을 보여줄 수 있습니다.

4. 지금 상황에서 가장 효과적인 대응 방법 실행하기

분노에 휩싸여 소리를 지르거나 혼내기보다, 부모가 잠시 자리를 피하거나 아이에게 '타임아웃'을 요청하는 것이 더 효과적일 수 있습니다. 아이가 반복적으로 떼를 부릴 때, "안 돼" "하지 마"라는 말을 단호하게 했어도 효과가 없다면, 부모도 애써 추슬렀던 마음이 흐트러지면서 감정적으로 폭발할 수 있습니다. 이때 얼른 자신에게 물어보세요.

'지금 가장 나은 방법은 무엇인가.'

앞서 나온 방법대로 몸 상태를 즉시 파악하고, 감정의 이름을 찾아내고, 원하는 것을 말했음에도 효과가 없다면 다른 효과적인 방법을 실행해야 합니다. 바로, 잠시 안 보는 방법입니다. 물리적 거리는 곧 심리적 거리에 영향을 미칩니다. 불편한 상황을 피하지 않고 아이와 대면한다면 그건 극한 상황으로 몰고 가는 것입니다. 그럴 때는 '그 꼴을 잠시 안 보는 것'이 분노 폭발을 막을 수 있습니다. 안 보려고 이동하는 것 또한 심리적 진정과 전환에 도움 됩니다. 그런 경우, 아이에게 부모가 할 행동에 대해 얘기해 주세요. 부모의 노력을 보여주는 것도 아이에게 긍정적 영향을 줍니다.

"엄마도 생각해 볼게. 잠시 후 얘기 나누자."

5. 아이의 감정 파악하기

아이도 자신의 감정을 느끼고 있습니다. 부모가 보기에는 말도 안 되는 고집을 부리는 것이지만, 지금 아이에게는 그런 행동을 하는 이유가 분명히 있음을 인지해야 합니다. 아직 어려서 자신의 감정이 뭔지 몰라 떼쓰는 것으로 표현하는 것입니다. 그럴 때 아이도 부모님만큼이나 감정적으로 고조되어 있음을 알아주세요. 그래서 공감이 필요한 것입니다. "너도 화가 나고 속상하구나" 라고 조용히 공감해 주면 아이가 안정을 찾는 데 큰 도움이 됩니다. 사실 소용돌이치는 감정을 잔잔하게 해주는 데 공감만 한 게 없습니다.

하지만 부모는 즉각적으로 아이의 감정을 통제하려는데 집중합니다. 부모조차도 힘든 감정 조절을 아이가 즉시 조절한다는 것은 불가능합니다. 아이의 감정이 그저 부모가 통제해야 할 감정이 아니라는 사실을 떠올려야 합니다. 아이의 감정이 어떤지 알아주고 공감해 주세요.

"이유가 있을 거야."

"너도 힘들었을 거야."

"화가 나고 속상했구나."

6. 내 말과 태도가 아이에게 미칠 영향 생각하기

내가 지금 하는 말과 태도가 아이의 마음에 어떤 흔적을 남길지 생각해 보세요. 불같이 화내고 싶을 때 멈추어야 할 사람은 부모입니다. 대화를 중단하세요. 불같은 감정도 6초면 식습니다.

"너 어디서 부모한테 대들어?"라든가 "잔소리 안 해도 네가 알아서 하면 잔소리하라고 해도 안 해!" "어디서 말대꾸야" 등의 거친 말을 한다면 아이는 자신의 잘못을 돌아보기보다 부모에게 상처를 받습니다. 훗날 트라우마가 될 수도 있겠지요. 부모가 먼저 분노를 멈추어야 합니다. 그리고 이렇게 말해보세요. 놀라운 반전이 일어납니다.

"네가 그렇게 했을 때 엄마는 속상해."

이 말을 하면 부모 또한 놀라울 정도로 차분해집니다. 말부터 다듬어야 합니다. 그리고 자신에게 말을 걸어보세요.
'내 말과 태도가 아이에게 장차 어떤 모습으로 남을까?'

7. 평소에도 감정을 다스리는 훈련하기

심호흡, 물 마시기 등 자신만의 감정 조절 방법을 갖춰 놓으세요. 예를 들어, 긴 호흡이 쉬운 것 같지만, 평소에 호흡 연습을 해야 감정 폭발 직전의 상황에서 바로 실천할 수 있습니다. 아이를 집에 혼자 두어도 괜찮을 상황이라면 가까운 마트에 가서 '물건 하나만' 사 오는 것도 좋습니다. 시장을 본다는 개념이 아니라 잠시 아이와의 거리를 두는 방법이고, 아이라는 존재의 소중함을 일깨우는 시간을 확보하는 것입니다. 아마 아이가 좋아하는 것을 고르는 나 자신을 발견하게 될 거예요. 아이의 존재를 부모 스스로에게 일깨우는 것만으로도 상처를 남기지 않을 훈육을 할 수 있습니다.

숨을 들이쉬고 내쉬고, 잠깐 걷거나, 물을 마시는 등 사소한 행동이 마음을 안정시킵니다. 아이가 떼를 쓰는 동안 잠깐 화장실에 가서 거울을 보는 것도 추천합니다. 거울을 보며 '나는 지금 감정을 컨트롤할 수 있다'고 자신에게 되뇌는 것만으로도 큰 도움이 됩니다. 거울 속의 내가 또한 나에게 가르쳐줄 거예요.

'호흡을 가다듬고, 표정을 풀어보자.'

'나오는 대로 말하지 않고, 다듬어서 말할 수 있을 거야.'

'아이는 아직 어려. 어른답게, 부모답게 하자.'

이렇게 스스로 다짐한 마음을 소중히 간직하고 아이에게 가보세요. 아마 지금까지 알고 있던 바람직한 훈육법을 자연스럽게 실천할 수 있을 거예요.

실제 사례에서의 감정 체크 리스트 활용법

아이가 아침 등교 시간마다 애를 태웁니다. 매번 반복되는 잔소리에 엄마도 지치고, 소리를 지르고 아이를 등교시키면 오전 내내 마음이 불편합니다. 어느 날 아침, 아이에게 소리를 지르는 순간, 엄마는 자신이 왜 화가 났는지 체크 리스트를 생각해 봤습니다.

- 내 몸 상태는? 심장이 빨리 뛰고 땀이 났다.
- 내 감정은? 짜증과 무력감이었다.
- 내가 원하는 것은? 아이가 스스로 준비해서 등교 시간을 잘 지키길 원했다.
- 아이의 감정은? 아이도 긴장하고 불안해 보였다.
- 효과적인 대응은? 아이와의 거리를 두거나, 잠시 숨 고

르기 시간을 가졌다.

체크 리스트 점검 후, 엄마는 다시 마음을 가다듬고 아이에게 "○○야, 우리 같이 준비해 볼까?"라고 부드럽게 말할 수 있었습니다. 아이도 엄마의 차분한 태도에 따라 금세 안정을 찾고 준비를 시작했습니다.

육아를 하다 보면 격한 감정은 일어날 수 있습니다. 하지만 감정을 폭발시키고 후회할 때면 이미 아이는 심한 상처를 입은 후입니다. 스스로 상태를 점검하고, 감정을 다스릴 수 있는 부모가 되면 아이와의 관계도 훨씬 건강해집니다. '감정 폭발을 줄이는 셀프 체크 리스트'를 활용해 보세요. 부모가 자신의 감정을 명확히 알고, 상황을 객관적으로 바라보며, 효과적인 방법을 선택하는 연습이 쌓이면, 훈육도 자연스럽게 안정되고 일관성 있게 할 수 있습니다. 훈육은 부모가 아이를 사랑하는 마음을 표현하는 기술입니다. 잊지 마세요. 감정을 잘 다스리는 것이 그 기술의 처음이자 핵심입니다.

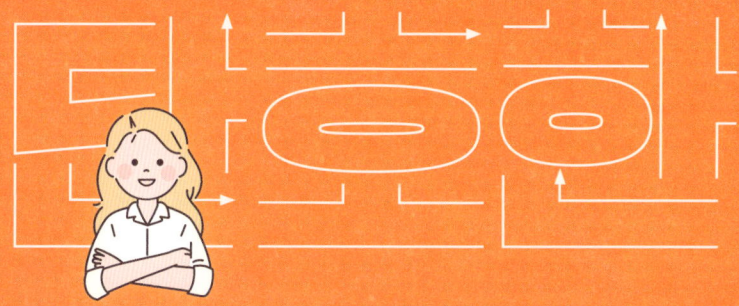

6장

부모의 태도가
아이를 단단하게
키웁니다

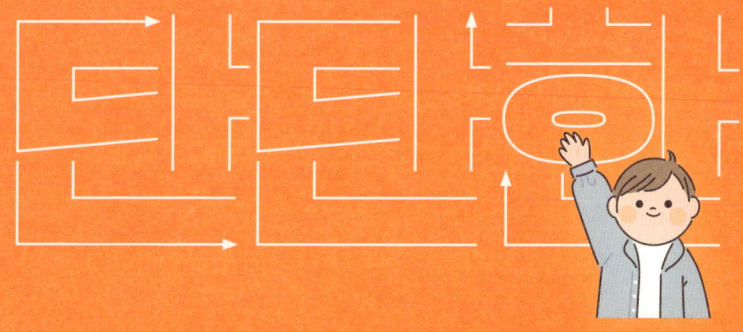

01

불안을
이기게 하는 말

　시험 성적은 상위권이지만, 작은 불만이 생기면 책을 덮어버리고, 친구와의 갈등 상황에서는 쉽게 화를 내고, 마음을 다잡지 못하고 감정 기복이 심하다면 어떨까요? 아마 능력이 있더라도 인정받기 어렵고, "○○만 잘하면 뭐해?"라는 능력에 대한 부정적 평가를 받게 될 겁니다. 타인의 부정적 평가는 물론, 아이 자신도 그 능력을 지속적으로 발휘하기는 어려울 거예요. 이는 조절감의 부재 때문입니다. 결국 자신의 감정을 다스리고 상황을 조율하는 힘이 없다면 아이는 어떤 재능도 펼칠 수 없습니다.

　초등학교 4학년 수인이는 시험만 다가오면 불안이 극도로 높아집니다. 엄마가 "공부 다 했니?"라고 물으면, 신경질적으로 책을 덮고 침대에 엎드려 울어버리기 일쑤입니다. 엄마는 처음에는 "왜 울어? 울 시간에 공부나 하지!"라고 말했지만, 아이는 점점 더 불안해했습니다. 공부는 잘했지만, 아이는 시험 전에 반복되는 긴장과 눈물로 에너지를 소진했습니다. 엄마는 '잘하면서 왜 저러지?'라는 걱정과 감정 낭비 없이 공부에 힘쓴다면 아이가 원하는 그 이상을 성취할 수 있을 텐데 싶어 안타깝습니다. 그러다 어느 날은 아이의 신경질적인 반응을 견디다 못해 이렇게 말해버렸습니다.

"공부만 잘하면 뭐 해! 그렇게 감정이 제 멋대로인데!"

그 말에 아이는 발악하듯 소리를 질렀다고 합니다.

"내 방에서 나가. 무슨 엄마가 그래! 왜 날 더 못살게 구냐고."

이 말에 충격을 받은 엄마는 더 이상 참을 수 없다며 상담을 요청했습니다.

불안을 조절하는 힘, 효능감과 연결된다

수인이처럼 뭔가를 잘하면서도 '못할까 봐' 불안해하는 아이들이 많습니다. 부모는 "욕심이 많아서 그런가 봐요" 하고 말하

부모의 태도가 아이를 단단하게 키웁니다

지만 사실은 불안을 조절하는 힘이 부족한 경우입니다. 불안을 조절하는 힘, 감정을 다스리고 상황을 스스로 정리할 힘을 기르면 아이의 능력은 성과로 연결됩니다. 엄마는 그동안 아이가 불안을 조절하지 못하면 "그렇게 안달복달하지 말고 그냥 네 페이스대로 하면 되잖아. 걱정한다고 해결이 돼?"라고 말하던 것을 바꾸기로 했습니다. 아이가 불안을 느낄 때마다 "불안할 수 있어. 괜찮아. 숨을 크게 쉬어보고, 중요한 문제부터 풀면 어때? 그동안 잘해왔잖아"라고 했습니다. 몇 번의 반복 끝에 아이는 시험을 앞두고도 조금씩 자신을 다잡으며 불안을 다스릴 수 있게 되었고, 시험에 임하는 태도가 훨씬 단단해졌습니다.

사실 수인이 엄마의 말은 모두 아이를 위한 말이지만, 자세히 살펴보면 큰 차이가 보입니다. 하나는 아이의 불안을 비난하는 말, 다른 말은 아이의 불안을 조절하도록 해서 효능감을 올려주는 말입니다.

- "그렇게 안달복달하지 말고 그냥 네 페이스대로 하면 되잖아. 걱정한다고 해결이 돼?"
  → 불안한 감정을 지적하는 부정적인 말 & 아이의 걱정을 비난하는 말

- "불안할 수 있어. 괜찮아. 숨을 크게 쉬어보고, 중요한 문제부터 풀

면 어때? 그동안 잘 해왔잖아."

→ 아이의 불안을 이해하고 효능감을 높여주는 말

부모는 아이의 모든 감정을 해소해 줄 수는 없지만, 그 감정을 줄이는 데 도움은 줄 수 있습니다. 부모는 아이의 감정적인 반응에 무너지지 말고, 감정을 조절하도록 해줘야 합니다. 그러면 아이가 효능감을 발휘할 수 있습니다. "나는 할 수 있다"는 자기 효능감과 "상황을 스스로 조절할 수 있다"는 조절력이 아이 안에 자리해야 능력을 발휘하고 성취해낼 수 있습니다. 바꾸어 말하면, 능력이 있어도 조절력이 없으면 효능감은 묻혀버리고 맙니다. 많은 사례가 이를 뒷받침합니다.

아래 사례는 각각 공부는 잘하지만 감정을 컨트롤하지 못하는 아이와 운동은 잘하는데 쉽게 포기하는 아이의 사례입니다.

사례 ①

"선생님, 저희 아이는 공부는 잘하는데요, 자기 기분이 내키지 않으면 숙제도 안 하고, 친구와도 쉽게 다투어요. 선생님이 조금만 지적하면 삐쳐서 학교에 가기 싫다고 해서 제가 크게 혼낸 적도 있습니다."

강연이 끝난 후 찾아온 한 아버지의 고민이었습니다. 초등 고학년 아들을 둔 아빠는 아들의 성적이 상위권이라 공부 걱정은

부모의 태도가 아이를 단단하게 키웁니다

없었는데, 점점 아들의 기분에 따라 성과가 달라지고 대인관계에도 문제가 생기자 불안해지기 시작했다고 합니다.

사례 ②

초등학교 6학년 ○○는 축구를 무척 좋아하고 잘합니다. 하지만 경기에서 조금만 밀리면 얼굴이 붉어지고, 심판 판정에 불만이 생기면 운동장을 뛰쳐나오곤 했습니다. 아빠는 처음에는 "성격이 화끈해서 그렇다"라고 웃어넘겼지만, 시간이 지날수록 아이가 패배를 견디지 못하는 게 문제로 다가왔습니다. 실력은 좋은데 스스로 감정을 다스리지 못하니 팀에서도 신뢰를 얻기 어려웠습니다. 코치가 부모에게 이렇게 말했습니다.

"○○는 축구 실력이 남달라 크게 될 수 있는 아이예요. 그런데 감정과 상황을 조절하는 힘이 부족합니다. 그 힘이 길러져야 진짜 선수로 성장할 수 있어요."

이 아이들의 공통점은 능력은 있지만 조절감이 없다는 것입니다. 조절감 없는 효능감은 모래 위의 성과 같아 쉽게 무너집니다. 반면, 조절감이 있는 아이는 실패해도 다시 일어나 도전해 자신이 가진 능력을 펼칠 수 있습니다. 조절감이 효능감을 더욱 단단히 받쳐주는 것입니다.

조절감 없는 효능감은
오래 가지 못한다

　조절감은 효능감(자존감)의 핵심 요소입니다. 우리는 자존감을 아이가 키워야 할 능력의 중심에 두지만 사실 자존감의 또 다른 중요한 한 축이 바로 조절감입니다. 아이가 스스로 자신의 감정을 다스리고 상황을 조율할 수 있을 때, 비로소 능력이 안정적으로 발휘됩니다. 조절감이 없다면, 그 능력은 빛을 오래 발하지 못합니다. 비유하자면, 조절감은 불꽃을 지켜주는 등잔의 유리와 같습니다. 등잔 유리가 없다면 바람 한 번에도 불꽃이 꺼져버리듯 조절감이 없다면 효능감은 무용지물입니다.

조절감이 결여된 예들

- 공부를 잘하지만 친구와의 작은 갈등에도 폭발하는 아이
→ 사회적 관계에서 어려움 겪음

- 운동을 잘하지만 패배를 견디지 못하는 아이
→ 스포츠맨십의 결여, 팀워크 문제 발생

- 재능은 있지만 실패나 자극에 쉽게 흔들리는 아이
→ 효능감이 발휘 안 되어 성취가 쌓이지 못함

　　　　　　　부모의 태도가 아이를 단단하게 키웁니다

조절감이 아이 안에 뿌리내릴 때, 아이는 자신의 능력을 맘껏 발휘하고 더 큰 성취로 나아갑니다. 아이의 조절감을 올려주어 효능감을 발휘하도록 해주세요.

효능감과 조절감 높이는 부모의 말

단순한 지시와 명령이 아니라 아이의 내적 자원을 키우는 언어가 아이가 가진 능력을 발휘하게 하고, 참고 해내는 조절력을 높여줍니다.

오른쪽에 있는 표는 부모님들이 아이에게 자주 쓰는 말과 그 대신 쓰면 효과 있는 말을 정리한 것입니다. 의식적으로, 습관적으로 바꿔나가면 반드시 아이의 행동을 바꿀 수 있습니다.

강압적 언어와 위협적인 말은 아이를 더 무력하게 만들고, 자신을 형편없게 여기게 합니다. 아이 스스로 선택하고 조절하게 하는 언어가 효능감과 조절력을 키웁니다. 하기 싫어하는 일도 해내게 하려면, 압박이 아니라 결국은 참고 해내게 하는 말을 해주세요. 효능감은 조절력이 뒷받침될 때 꽃피우고 열매를 맺습니다. 이런 조절력은 결국 실패 앞에서도 다시 일어서게 하여 효능감을 발휘하는 선순환의 구조를 만듭니다.

자주 쓰는 말	대신 쓰면 좋은 말
"○○하지 못해?"	"어떻게 하면 좋을까?"
	"꼭 해야 할 일이야."
"못한다고? 그게 말이 돼?"	"지난번에 해냈던 것 기억나? 할 수 있는 방법을 같이 찾아보자."
	"이 상황을 네가 다스릴 방법을 생각해 보자."
"울지 마."	"지금 마음이 너무 답답해? 숨을 크게 쉬면 도움이 될 거야."
	"속상하지? 그런데 포기하지 말고 한 번만 더 해보자."
"빨리 하지 못해!"	"지금 시작하자. 엄마가 옆에 있어 줄까? 혼자 하고 싶어?"
"그렇게 짜증 내려면 그냥 집에 가든지."	"기다리는 동안 게임 하나 해볼까?"

아이들은 실패 없는 세상에서 살지 않습니다. 시험을 망칠 수도 있고, 친구와 오해가 생길 수도 있으며, 노력해도 결과가 기대만큼 나오지 않을 수도 있습니다. 이때 아이가 무너지지 않고 다시 시도할 수 있게 하는 힘이 바로 조절감입니다. 조절감은 단순히 참는 것이 아닙니다. 자신의 감정을 인식하고, 그 감정을 다스리며, 상황을 스스로 관리하는 능력입니다. 이 힘이 있어야 아이의 재능이 지속적으로 발휘될 수 있고, 효능감으로 이어지며 능력을 강화시킵니다. 조절감과 효능감은 우리 아이를 단단하게 세워주는 두 기둥이고, 꿈을 찬란히 펼치게 하는 양 날개입니다.

02

참아본 경험에서 시작되는
아이의 효능감

'한국이 낳은 세계 공인 천재 1호.'

'국제수학올림피아드(IMO)에 국가대표로 출전해서 한국인 최초로 만점.'

'IQ 검사에서 매번 최고점인 160점을 받아 더 이상 측정 불가한 지능으로 판정.'

'5세 때 혼자 깨친 중고교 수준의 수학 이해력과 기억력이 방송에 소개돼 장안의 화제.'

세계적 수학자 신석우 UC버클리 교수에 관한 기사 제목들입니다. 타고난 천재이자 우리가 접할 수 있는 가장 높은 지능의 한국인이라는 기사가 눈길을 사로잡았습니다. 4세 고시, 7세 고시가 만연한 부모를 불안하게 하는 이 시대에 평범한 아이를 키우는 부모님들과 나누고 싶은 내용이 많았기 때문입니다.

참아낸 경험은 인생을 성공으로 이끈다

그는 어려서부터 전문가팀이 붙어 '국가 공식 영재'를 키운 첫 사례로 기록될 만큼 세계적 신동이었지만, '특별하지 않은 성장 과정'을 거쳤습니다. 일반적으로 어릴 때 남다르다 싶으면 자퇴하고 혼자 공부하거나 조기 유학 등 특별 코스를 찾지만, 그는 초중고 12년을 남들과 똑같이 다니고, 병역 면제를 해달라는 서울대 교수들의 탄원을 뿌리치고 현역 병장 만기로 제대했다고 합니다. 그리고 시기마다 겪었던 그 경험들이 고통을 견디는 힘, 나와 다른 점을 이해하는 관점을 기르는 데 도움을 주어 하버드대 시절, 연구에 실패할 때마다 다시 일어서는 계기가 되었다고 고백합니다. 참아낸 경험이 그의 효능감을 키워 인생을 성공적으로 이끌었다는 사례입니다.

평생 천재성을 발휘하며 인생을 찬란하게 살고 있는 비결을 그는 두 가지로 보여줍니다. 힘든 과정을 참아낸 경험과 그 경험으로 인해 축적된 자신에 대한 효능감입니다. 세계적 천재가 이 시대에 아이를 잘 키우고 싶은 우리에게 주는 메시지는 바로, 평범한 성장 과정을 통해 참아본 경험의 누적이 성공의 비결이 되었다는 것입니다. 인내와 노력이 효능감을 높이고, 그 효능감이 인생을 성공적으로 살게 합니다. 그는 타고난 특별한 재능에 맞춘 삶을 살았다면 롱런하지 못했을 거라 했습니다.

유아기에 영재성이 나타나 언론의 관심을 받고, 그 때문에 오히려 힘든 삶을 사는 예는 얼마든지 있습니다. '사람에게는 세 가지 불행이 있다'는 고사도 있지요. 소년 시절 과거에 급제한 것, 부모에 힘입어 출세하는 것, 어려서부터 재능이 뛰어난 것이 바로 이 세 가지입니다. 실패와 노력을 거치지 않고 얻은 성공을 경계하라는 의미로도 종종 쓰이는데요. 부모 잘 만나고, 재능이 뛰어나며, 소년 시절 장원 급제할 정도로 뛰어난 것이 나쁠 리 없지만 '이것'을 겪지 못하면 불행한 삶으로 빠질 수 있다는 방증입니다. '이것'은 바로 '참아본 경험'입니다. 아무리 힘들고 하기 싫어도, 참고 견디며 나아가는 참을성이 성공의 관건입니다.

누구에게나 주어진 시간은 똑같고, 하기 싫고, 하고 싶은 상황들도 비슷합니다. 그럴 때 '참고 견디는가, 그렇지 않은가'가 성공을 좌우합니다. '해봐야겠다' '이게 끝이 아니야'라는 참을성을 갖게 하는 저력이 '효능감'입니다. 효능감이 높아야 끝까지 해내는 힘을 발휘합니다. 결국, 효능감과 참을성은 동전의 양면이며 참아본 경험 끝에 느끼는 성취감은 효능감을 높입니다.

효능감을 키우는 부모

효능감은 할 수 있다는 신념, 어떤 상황에서 적절한 행동으로 문제를 해결할 수 있다는 자신에 대한 믿음입니다. '나는 할 수 있어'라는 막연하고 근거 없는 자신감과는 차원이 다릅니다. 열심히 하지만 한계에 부딪힐 수도 있음을 인정하고, 그 한계를 최대치로 밀어붙이는 힘을 발휘하는 '근거 있는 자신감'이라고 할 수 있습니다.

아이의 효능감을 높이기 위해서는 '해본 경험'이 많아야 하며 '성취감'을 느껴야 합니다. 그런데 여기서 아주 중요한 것이 있습니다. '안 되는 경험'과 '실패감'도 맛봐야 한다는 점입니다. 시도하고, 노력하고, 안 되는 것을 경험하고, 다시 노력하는 것이 효능감을 높이는 과정입니다. 세계적 학자도 지식 추구 비법을 "자신의 한계를 최대치로 밀어붙여 끝까지 고민하는 것. '모른다'는 고통을 견디면서, 매일 정진하는 것뿐"이라고 고백합니다. 결국 참아본 경험의 누적, 그 참을성이 끊임없이 나아가게 하고, 이루게 합니다. 그러고 보면 '천재란 거대한 인내의 그릇 A great capacity of patience'이라는 말이 꽤 설득력 있습니다. 내 아이도 인내의 그릇을 키운다면 어떤 재능도 펼칠 수 있지 않을까요.

'내 아이는 천재가 아닌데?'

혹시 이런 생각을 한다면 누구에게나 재능이 있다는 것으로 관점을 전환해 보세요. 하워드 가드너가 다중지능이론에서 강조한 것처럼 내 아이는 '언어 지능' '논리수학 지능' '음악 지능' '공간 지능' '신체운동 지능' '자연친화 지능' '자기성찰 지능' 등에서 분명히 뛰어난 재능이 있습니다. 부모는 아이의 잠재된 지능을 가장 잘 이끌어 낼 수 있는 존재입니다.

타고난 재능을 믿고, 부모가 알아서 해주려니 믿으며 편한 길만 가라는 게 아닙니다. 안 되는 것도 있고 참아야 하는 것도 있음을 경험하면서 마침내 '그러니까 할 수 있구나. 더 해봐야겠다'로 나아가게 키우는 것이지요. '능력은 타고난 것'이라고 생각하면 아이의 능력은 타고난 그만큼에 머물게 됩니다. 아이의 능력은 저절로 생기거나 높아지는 것이 아니라 부모와 함께 '만들어 나가는 것'입니다. 아이의 효능감 또한 마찬가지입니다.

일상에서 효능감을
높이는 방법

세계적 천재 수학자의 성공담으로 시작해서 꽤 거창한 것 같지만 사실 아이의 효능감을 높이는 방법은 그리 거창하지 않습니다. 일상에서 얼마든지 할 수 있는 아주 소소한 것이죠. 거창해서도 안 됩니다. 하고 싶지만 참아야 하는 경험, 먹고 싶지만 참는 경험 등 아이의 발달과 수준에 알맞아야 효과가 있으니까요. 이렇게 아이의 발달 단계에 맞춰 경험하도록 해주면 아이가 가진 재능을 최대한 살리는 엄청난 저력이 됩니다. 일상에서 응용할 수 있는 효능감을 높여주는 예를 보겠습니다.

㉑ 책을 여러 권 가져와서 읽어달라고 해서 자는 시간이 늦어질 경우

- 예측하는 말: "이 책을 다 읽으면 늦게 자게 돼."
- 결과를 알려주는 말: "그러면 아침에 일어날 때 힘들 수 있어."
- 참는 경험을 유도하는 말: "다 읽어주면 좋겠지만 두 권만 선택해야 해."
- 효능감 느끼도록 하는 말: "와, 어젯밤에 늦게 자지 않아서 아침에 기분 좋게 일어날 수 있구나."

✚ 하고 싶은 것을 참고, 해야 할 일을 하는 것의 가치를 느끼는 경험이

아이의 효능감을 높입니다.

ⓔ 스마트폰을 계속 보겠다고 고집부리는 경우

- 알려주는 말: "30분 보기로 했지? 지금 그만 볼 시간이야."
- 결과를 알려주는 말: "약속을 안 지키면 내일부터는 스마트폰을 볼 수 없어."
- 참는 경험을 유도하는 말: "더 보고 싶겠지만 엄마에게 스마트폰 돌려줘."
- 효능감 느끼도록 하는 말: "더 보고 싶었을 텐데 잘 참고 약속을 지켜주었네. 참는 힘이 대단하구나. 멋지다 OO!"

✚ 효능감을 높여주기 위해서 아이에게 무조건 참으라고 하는 게 아니라 '참으니까 좋고, 더 나은 결과가 있음'을 알려주고 느끼게 해주세요. 아이는 아직 '보이지 않는 무형의 가치'를 알기는 어려우므로 부모님이 확인시켜 주는 것이 좋습니다.

지금 마땅히 겪어야 할 과정인데 아이가 안쓰럽다고 봐주고, 어리니까 다음으로 미루면 아이는 앞으로도 편하고 쉬운 방법에만 익숙해집니다. 참아본 경험에 따르는 성취감과 효능감은 짐작할 수 없을 정도로 아이의 인생에서 엄청난 가치가 있습니다. 그게 학문이든, 운동이든, 예술이든, 어떤 분야에서든지 말이죠. 참아본 경험의 누적이 한계에 도전하고 묵묵히 견딜 수도 있는 효능감을 높여주기 때문입니다. 아이의 내면에 참으면 더 나은 결과가 있다는 믿음을 가득 채워주세요.

03

반복의 힘을
믿을 것

　"저희 아이는 제가 하는 말을 들은 것 같으면서도 금세 잊어버려요. '안 된다'고 해도 하루이틀 지나면 똑같은 행동을 반복하니, 제가 더 화가 나서 소리만 지르는 것 같아요. 너무 권위주의적인 부모인 것 같고 아이에게 상처만 주는 것 같아 '안 된다'는 말을 줄이고 긍정어를 쓰려고는 하는데….”

　초등학교 2학년 아들을 키우는 부모님의 고민입니다. 아이가 물건을 던지거나 약속을 지키지 않을 때마다 "안 된다"고 했지만, 효과가 오래 가지 않는다고 합니다. 그래서 점점 지치고, 훈육을 하는 데 회의감마저 든다고 합니다. 어떨 때는 부모의 권위가 없는 것 같아서 무기력하게 느껴진다고도 했습니다.

반복은 아이의 뇌에
경계를 새겨 넣는 과정

아이들은 발달 특성상 한두 번의 설명으로는 자기 행동을 조절하기 어렵습니다. 오늘 알아들은 듯 "알았어"라며 고개를 끄덕여도, 내일 비슷한 상황이 되면 또다시 같은 실수를 반복합니다. 부모는 '말을 해도 왜 못 알아듣는 걸까' 하고 속상해합니다. 하지만 아이의 행동이 단박에 바뀌지 않은 것이지, 아이가 부모의 말을 결코 흘려듣지만은 않습니다. 그래서 아이에게는 반복이 필요합니다.

학습에도 반복이 필요하듯 좋은 습관을 익히는 데도 반복은 필수입니다. 아이가 반복 학습을 지겨워하거나 지치면 학습 능력이 향상되지 않듯, 육아도 마찬가지입니다. 부모가 반복에 지치면 안 됩니다. 아이를 위해 가르치는 것을 기꺼이 반복해야 합니다.

부모가 같은 기준을 일관되게 말해줄 때, 아이 뇌 속에 '이건 이렇게 하는 것' '이건 하면 안 되는 것'이라는 경계가 점점 견고히 새겨집니다.

부모의 태도가 아이를 단단하게 키웁니다

5세 지훈이는 마트만 가면 장난감 코너 앞에서 울고불고 떼를 씁니다. 엄마는 "오늘은 안 돼" 하고 말하지만, 아이의 울음이 길어지면 사람들의 시선이 부담스러워 결국 장난감을 집어들곤 했습니다. 그러던 어느 날, 엄마는 결심하고 아이가 떼를 부려도 사주지 않았습니다. 아이는 큰 소리로 울었지만, 엄마는 안 된다고 차분히 말했습니다. 예전 같으면 아이의 울음소리에 비례해 엄마의 목소리도 컸지만 이번에는 목소리 크기를 줄였지요. 아이가 이상한 듯 엄마를 보다가 다시 울음이 더 커졌지만, 엄마는 아무 말도 안 하고 울음이 잦아들길 기다렸습니다. 마침내 아이가 울음을 그치자 엄마는 아무 말 없이 아이 손을 잡고 나왔습니다.

이후로 지훈이는 원하는 것을 사달라는 요구를 한 번에 멈추지는 않았지만, 점점 울음의 강도가 약해졌고, 떼가 크게 줄었습니다. 반복된 부모의 '안 된다'는 메시지가 아이의 욕구와 행동 사이에 '경계'를 만들어준 것입니다.

부모님들은 "안 들어주면 하루 종일 운다"는 말을 하지만, 사실 종일 우는 아이는 단 한 명도 없습니다. 아이가 우는 몇 분이 부모에게 그만큼 길게 느껴지는 것이지요. 부모는 그 상황을 견디며 아이에게 안 되는 일이라고 반복해서 가르쳐야 합니다.

부모 언어에
반복을 담아내는 법

반복은 단지 '같은 말 하기'가 아닙니다. "안 돼" "안 되는 일이야" "해야 해" "네 할 일이야" 등 같은 메시지를 일관되게 전달하는 것입니다.

단순하고 명확한 반복의 언어

- "지금은 안 되는 일이야."
- "이건 하지 않는 거야."
- "이해해. 하지만 지금은 안 돼."
- "그건 절대 안 되는 일이야."
- "아무리 고집부려도 해줄 수 없어."

이 짧은 말들을 상황에 따라 차분히, 그러나 단호하게 반복하세요. 중요한 건 부모가 이 말의 가치를 의심하지 않고, 흔들리지 않는 것입니다.

상담 현장에서 자주 듣는 말 중 하나는 "처음에는 아이가 더 울고 반발해서 힘들었는데, 몇 달 지나니 아이가 달라졌어요"입니다. 바로 이것이 반복의 힘입니다. 아이는 부모의 일관성에 부딪히면서 좌절하지만, 그 좌절 가운데 '진짜 기준'을 배웁니다.

많은 부모님들이 "얼마나 반복해야 아이가 바뀌나요?"라고 질문합니다. 정답은 '아이마다 다르다'입니다. 하지만 중요한 건 '몇 번에 된다'가 아니라, 부모가 끝까지 메시지를 유지하느냐 입니다. 예를 들어, 어떤 아이는 '밥상에서 장난치면 밥 그만 먹어야 한다'는 말을 세 번 만에 이해하고 행동을 바꾸기도 하지만, 어떤 아이는 열 번, 스무 번의 경험이 필요합니다.

여기서 기억할 점은 반복은 아이의 뇌가 배워가는 시간이라는 것입니다. 아이는 한 번의 훈육으로 배울 만큼 성숙하지 않습니다. 뇌 발달상 '시도 - 실패 - 조율'의 과정을 거쳐야 가치관이 자리 잡습니다. 열 번을 말했는데도 안 고쳐지는 게 아니라, 열 번을 들었기 때문에, 열한 번째에야 바뀌는 것입니다.

"그럼 끝없이 반복해야 하나요?"라는 질문도 나옵니다. '끝없이'가 아니라 '끝까지'입니다. 부모가 중간에 지쳐 포기하면 아이는 '한두 번만 버티면 부모가 봐준다'는 경험만 학습합니다. 그러니 반복의 횟수보다 더 중요한 건 '부모의 태도는 변하지 않는다'는 메시지를 심어주는 겁니다. 결국 아이는 '부모 말은 반드시 지켜진다'는 신뢰 속에서 안정감을 얻고, 스스로를 조절하는 힘을 갖게 됩니다.

그러면 효과가 나타나는 시점은 어떻게 알 수 있을까요? 변화는 아주 작은 징후에서 시작됩니다. 예를 들어, 그동안 밥상에서 열 번 장난치던 아이가 일곱 번 장난으로 횟수가 줄어든다면, 이미 변화가 시작된 것입니다. 아이의 행동이 '완벽하게 바뀌었다'가 아니라, '조금 줄어들었다' '예전보다 나아졌다'는 게 바로 반복의 효과입니다. 부모가 이런 작은 변화를 인정해 주고 꾸준히 반복할 때, 아이는 점점 더 안정적으로 바뀌어 갑니다.

반복이 효과를 발휘하기까지 걸리는 시간은 아이의 연령과 기질, 육아 상황에 따라 다르겠지만, 분명한 것은 부모의 가치관이 뚜렷하고 전하는 메시지에 신념이 있다면 아이는 그 메시지를 자신의 가치관으로 삼고 멋지게 성장해 갑니다.

04

침묵이 도움이
되는 때

"엄마, 제발 아무 말도 하지 마!"

부모라면 한 번쯤 들어본 말일 것입니다. 사춘기 자녀를 둔 부모라면 종종 들을 수도 있습니다. "기가 막혀서. 내가 무슨 말을 했다고 그래?" 했다가 "그러니까 지금 또 그러잖아. 아무 말도 하지 말아 달라고!" 하며 대드는 아이의 말에 말문이 막혔다는 부모도 있습니다. 하지만 아이의 말속에는 '잔소리 듣고 싶지 않다'는 의미뿐만 아니라, '지금은 그냥 어떤 말보다도 기다려 달라'는 요청이 담겨 있습니다. 이때 부모가 선택할 수 있는 가장 강력한 소통 방식은 침묵입니다.

눈빛으로 전하는
부모의 마음

우리는 흔히 소통을 언어로만 생각합니다. 그러나 아이를 키우다 보면 눈빛이 말보다 더 많은 의미를 전달할 때가 있습니다.

엄마가 천천히 고개를 끄덕이는 순간, 아이는 '엄마가 내 이야기를 듣고 있구나'라고 생각합니다. 아빠가 말없이 바라보다 조용히 어깨를 감싸주는 순간, 아이는 자신이 혼자가 아니라는 사실을 느낍니다.

부모의 침묵에서 아이는 부모의 마음을 읽어냅니다. 말 없음 가운데 보내주는 눈길과 끄덕임은 어떤 언어보다 더 깊은 애정과 신뢰를 심어줍니다.

아이의 성향과 발달 시기에 따라 침묵이 특히 효과적인 순간들이 분명히 있습니다.

첫째, 아이의 성향상 누군가의 제안을 순순히 받아들이지 않는 경우입니다. 자기 고집이 세서 부모가 조언을 하면 거부 반응부터 보이는 아이들이 있습니다. 부모의 말이 아무리 옳아도, 듣는 순간 마음을 닫아버리는 것이죠. 위험한 상황이 아니라면 굳이 말하지 말고, 옆에서 조용히 지켜봐 주는 것이 더 나은 선택이 됩니다.

둘째, 사춘기 시기입니다. 중·고등학생이 되면 부모의 잔소리

부모의 태도가 아이를 단단하게 키웁니다

가 제일 큰 갈등 원인이 됩니다. "공부 좀 해라", "휴대폰 내려놔라" 같은 말은 아이의 귀에 들어가지 않고, 오히려 반발심만 키웁니다. 이때는 침묵하며 아이가 스스로 깨닫도록 기다려 주는 편이 효과적일 때가 많습니다. 부모의 눈빛 속 '나는 네가 잘할 거라 믿어'라는 메시지를 보낼 때 아이는 부모의 자신에 대한 믿음을 읽어냅니다.

셋째, 부모가 즉시 조언할 수 없는 상황에 있을 때입니다. 아이의 이야기를 듣다 보면 부모도 당황스러울 때가 있습니다. 친구와 싸웠다는 얘기, 선생님께 지적받았다는 얘기를 들었을 때 곧바로 해답을 줄 수 없다면 억지로 말하지 않아도 됩니다. 조급히 반응하는 대신 잠시 침묵하고, '네 마음을 더 알고 싶어'라는 마음을 눈빛으로 전하며 기다려주는 것이 더 현명합니다.

넷째, 아이가 다음 말을 머뭇거릴 때입니다. 어떤 이야기는 꺼내는 데 용기가 필요합니다. 아이가 머뭇거리며 말을 고를 때, 부모가 서둘러 "그러니까 무슨 일인데? 무슨 일인데 그렇게 머뭇거려?" 하고 재촉하면 말문이 더 막힙니다. 그럴 때는 '기다릴게'라는 마음을 담아 조용히 기다려 주세요. 부모의 침묵은 아이의 용기를 북돋는 기다림이 됩니다.

침묵으로 마음을 전하는
세 가지 방법

침묵은 아이를 무시하거나 훈육을 포기하는 것이 결코 아닙니다. 침묵하고 있지만 아이에게 전달되어야 하는 마음은 분명히 있습니다. 어떻게 전달할 수 있을까요?

첫 번째는 바라보기입니다. 아이의 눈을 바라보는 것만으로도 '나는 네 얘기를 듣고 있어'라는 강력한 메시지가 전달됩니다. 스마트폰을 보면서 건성으로 듣는 것과는 차원이 다릅니다. 부모의 눈맞춤은 아이에게 '존중받고 있다'는 느낌을 줍니다.

두 번째는 고개 끄덕이기입니다. 끄덕임은 '네 마음을 이해한다'는 신호입니다. 말이 아니어도, 아이는 부모의 끄덕임에서 인정과 지지를 읽습니다. 특히 대화에서 끄덕임은 듣고 있음을 보여주는 확실한 반응이며, 아이의 말을 듣고 나서 고개를 끄덕이는 것은 네 마음을 이해한다는 공감인 동시에, 네 말을 더 듣고 싶다는 부모의 의지를 보여줍니다.

세 번째는 안아주기입니다. 말 대신 안아주는 침묵은 그 어떤 공감과 훈육의 언어보다 강력합니다. 특히 아이가 울음을 터뜨리거나 힘겨워할 때, 긴말보다 따뜻한 품이 더 큰 위로가 됩니다. 안아주는 순간 부모의 마음은 자연스럽게 전달됩니다. 안아주기를 대신할 수 있는 침묵의 언어로 어깨 두드려 주기, 손 잡아주기도 효과 있습니다.

부모는 아이에게 하고 싶은 말이 많습니다. 잘 키우고 싶은 만큼, 잘 가르치고 싶은 만큼 들려줄 말이 많습니다. 게다가 부모는 말을 잘하는 분입니다. 그런데 너무 말을 잘해서 문제일 때가 많아요. 아이의 말보다 부모 말의 양이 많지 않아야 합니다. 말하지 않아야 할 때는 할 말이 있어도 침묵하는 부모를 아이는 원합니다. 그런데 부모는 그냥 참고 말을 안 하는 게 아니라, '침묵의 언어'로 무언의 메시지를 잘 전할 수 있어야 합니다.

'아무 말도 안 하면 무책임해 보이지 않을까?' '말 안 하고 그냥 넘어가면 아이가 자기 잘못을 못 깨닫지 않을까?' 부모님들은 이렇게 걱정하지만, 침묵은 '나는 너에게 관심 없다'가 아니라, '나는 너를 믿는다'는 표현입니다. 말로 조종하지 않고, 침묵으로 기다려줄 때 아이는 스스로를 돌아보게 됩니다. 아이의 내면에 스스로 조절할 힘이 있다는 신호를 부모가 먼저 주는 것이죠. 아이와 대화할 때, 꼭 멋진 말로 대화하려는 부담은 내려놓아도 좋습니다. 그 대신 아이를 바라보고, 고개를 천천히 끄덕이고, 한 번 안아주세요. 그 짧은 침묵이 아이에게는 '엄마, 아빠가 내 마음을 알아주는구나'라는 묵직하면서도 가치 있는 메시지가 됩니다.

아이가 말하기 힘들어할 때, 재촉하지 말고, 바라보며 기다려 주세요. 기다림, 때로 넘어가 주기, 보고도 못 본 척하기 모두 현명한 부모의 침묵입니다.

"사랑해" "고마워" "자랑스러워"라는 말을 안 해도 후회하지만, 하지 않을 말을 하면 평생 씻지 못할 후회를 남깁니다. 할 말을 못 했으면 늦은 감이 있더라도 하면 되지만, 하지 않을 말을 하면 아물지 않을 깊은 상처를 내게 됩니다. 말은 새장 밖으로 날아간 새와 같아서 다시 불러들일 수도 없습니다.

부모의 침묵은 아이를 성숙하게 합니다. 부모의 침묵은 아이에게 성찰하는 기회를 줍니다. 부모의 침묵은 말하지 않고도 오히려 수많은 사랑을 전해줍니다. 침묵은 말보다 더 강력한 소통 방식이 될 수 있습니다. 단, 그것이 무관심이 아닌 '마음을 담은 침묵'일 때입니다. 어떤 근사한 공감, 어떤 단호한 훈육보다 침묵이 도움이 되는 때가 있습니다. 아이는 부모의 눈빛, 끄덕임, 포옹 속에서 사랑받고 있다는 확신을 얻게 됩니다.

05

못한다고 혼내면
진짜 못하게 되는 매직

"너, 아직도 방 정리 못 했어? 이렇게 엉터리로 하면 어떡해!
네가 몇 살이니? 엄마가 해주는 것도 한두 번이지. 이제 알아서
방 정리쯤은 척척해야 하는 거 아니야? 이렇게 방 정리 안 하고
지저분한 데서 공부가 되니?"

"아, 정리한 거거든. 엄마는 왜 맨날 트집 잡고 그래?"

"무슨 트집? 잘했으면 그래? 이게 방 정리 한 거야?"

"응, 한 거야!"

"진짜 이게 한 거야? 제대로 좀 해. 대충 하지 말고. 꼭 엄마 손
이 가게 하잖아."

"아, 몰라. 한 거라니까 왜 안 믿고 맨날 혼내기만 해. 이제부

터 안 해."

방 정리라는 같은 상황을 두고 아이는 '한 거'라고 하고 엄마는 '안 한 거'라고 합니다. 엄마가 "대충하지 말라"고 말한 것을 보면 아이가 정리를 하기는 한 것 같습니다. 그런데 엄마가 보기에는 엉터리로 한 것으로 보였나 봅니다.

방 정리는 아이를 키우는 어느 가정에서나 골칫거리일 정도로 자주 일어나는 문제 상황입니다. "방 정리 좀 해, 제발" 하면 아이에게 돌아오는 대답은 "나는 괜찮다니까. 엄마가 내 방에 들어오지 않으면 되잖아"라는 대사는 너무 흔해 남의 일 같지 않죠. 사소한 것처럼 보이지만 방 정리로 부모와 아이의 갈등이 '대화 단절'로 가는 경우도 많습니다.

아이들 말대로 방에 들어가지 말고, 그냥 두어야 할지 고민도 됩니다. 하지만 그냥 두었다가 습관으로 굳어지면 한창 사춘기 때 방 정리로 아이와 격렬하게 싸우게 된다는 주위 엄마들의 고민을 들으며, 부모는 아이가 어릴 때 방 정리 습관을 꼭 들여주고 싶습니다. 학년이 올라갈수록 아이가 공부에 전념해야 하는데 어질러진 방에서 과연 공부가 될까 싶고, 아이가 커갈수록 짐도 늘어가니 정리는 점점 더 중요해집니다. 그러니 초등 저학년 때 정리 습관을 들여야 한다는 것은 어느 모로 보나 맞는 이야

부모의 태도가 아이를 단단하게 키웁니다

깁니다.

정리는 중요한 생활 습관입니다. 매번 잔소리하다 엄마가 대신해 주는 반복을 멈추고, '때가 되면 하겠지'라며 기다리지 마세요. 능력은 시간이 흐른다고 생기지 않으니까요. 아이의 능력을 키워주기 위해 먼저 파악해야 할 사항이 있습니다. 아이가 정리를 못하는 것인지, 안 하는 것인지를 알아야 합니다. 정리를 못하는 이유는 정리하는 방법을 모르기 때문이고, 안 하는 이유는 나름대로 이유가 있기 때문입니다.

아이의 습관을 들여주는 데는 이 차이를 아는 것이 굉장히 중요합니다. 결론부터 말하면 아이가 못하는 것이라면 혼낼 일이 아닙니다. 잘 가르쳐 주고, 해낼 때까지 반복해서 이끌어 주어야 합니다. 할 능력이 없는데, 못한다고 혼내기만 하면 아이는 더 못하게 됩니다.

'못'하면 알려주고, '안'하면 해내도록 도와주기

아이가 무언가 했을 때 부모의 맘에 안 들 때가 있습니다. 그럴 때 "그것 하나도 제대로 못하니?" "지금까지 안 하고 뭐 했어?"라는 말을 했다면 이제는 생각해 보고 말해야 합니다.

'아이가 할 수 없어서, 하고 싶은데도 '못'한 건가?'

'아이가 할 수 있는데, 하기 싫어서 '안'한 건가?'

이 두 가지는 각각 '능력'과 '의지'라는 다른 관점에서 접근해야 합니다. 그렇다면 부모의 표현도 이에 따라 달라져야 해요. 능력이 없어서 못하는 건데 마치 아이가 할 의지가 없는 것처럼 말하면 억울합니다. 아이가 못 하는 건지, 안 하는 건지를 먼저 이해하는 부모가 아이의 능력을 키워줄 수 있습니다.

앞의 사례를 통해 해결 방안을 알아봅시다.

아이는 방 정리를 했다고 하고, 엄마는 "제대로 좀 해. 대충 하지 말고"라고 했습니다. 이 말은 아이가 할 수 있는 능력이 있다는 것을 전제로 한 말입니다. 전제에 따라 부모의 말과 톤이 달라지죠. '아이가 할 수 있는 능력이 여기까지구나' 인정할 때와, '할 수 있는데도 하기 싫으니까 대충 했구나'라고 부정적으로 여길 때 부모의 말과 말투가 분명 달라집니다.

엄마에게 할 수 있는데 제대로 안 했다는 전제가 깔려 있다면, 꾀부리는 아이, 대충하려는 아이, 성실하지 못한 아이라는 프레임을 씌우는 말을 하게 됩니다, 비난, 질책, 꾸중의 말이 나올 뿐, 공감의 말이 나올 수 없습니다. 우선 내 아이의 방 정리 능력을 먼저 이해해야 합니다. 방 정리하는 방법을 모를 수도 있다는 전제를 배제하지 않아야 해요. 그러면 "이것밖에 못하니?"라며 능력 밖의 것을 요구하거나 존재감을 무시하는 말을 하지 않게 됩니다.

우리가 인정해야 할 것은 대부분의 아이들은 정리법을 배우지 못했다는 사실입니다. 부모는 초등학생 정도 되면 당연히 할 수 있을 거라고 생각하지만 모르면 못합니다. 안 가르쳐줘도 자연스럽게 할 수 있는 것과, 배워야 할 수 있는 것이 있어요. 정리는 배워야 제대로 할 수 있습니다. 정리 능력은 반드시 배우고, 반복해서 습관으로 자리 잡아야 할 만큼 중요한 능력이므로 '못한다'고 혼내지 말고, 할 수 있도록 가르쳐야 합니다. 그러려면 이런 전제로 다가가야 합니다.

- 엄마의 전제: 정리 방법을 모를 수도 있겠구나.
- 엄마의 말: "모르면 못할 수도 있어. 지금부터 엄마랑 함께해 보자."

이 말에는 두 가지 소중한 마음이 깃들어 있어요. 공감과 격려입니다. "모르면 못할 수 있어"라는 공감과 "함께해 보자"라는 격려가 아이의 능력을 키워줍니다.

못하는 게 당연한 것이니 이제부터 함께 배워보자는 마음을 담은 공감과 격려는 아이의 자신감을 상승시키고, 배우고 싶은 욕구를 자극합니다. 아이의 능력 여부를 알지도 못한 채 못한다고 비난하는 말과 사뭇 다르죠.

"그것도 하나 제대로 못하니?" 이 말은 아이가 그 정도는 잘할 수 있다는 전제에서 하는 말이지만, 지금까지 방법을 배우지 못했다면 아이는 못하는 게 당연합니다. 모른다면 다그치지 말고 가르쳐 주면 됩니다.

'못'하는 것은 공감하며 가르쳐 주기

'하지 않는다'와 '하지 못한다'라는 말을 유의하며 사용하는 부모라면 육아를 잘하고 있다고 자부해도 될 것 같습니다. 이런 부모는 아이의 능력이 부족해도 비난하지 않아요. 못하면 알려 주고, 부족하더라도 잘한 부분을 말해주며 더 잘하도록 이끌어 주는 부모니까요. 반면 잘한 부분은 안 보고, 못한 부분만 핀셋처럼 집어 지적하는 말은 어떤가요. 이런 말은 잘하던 아이도 퇴보시킵니다. 의욕을 떨어뜨리니 점점 안 하게 되고, 하기 싫어지게 하므로 점점 더 안 하게 되지요.

- 미숙하지만 잘한 부분을 찾아 인정하는 말: "오, 지난번보다 정리를 더 잘했네."
- 못한 부분만 지적하는 말: "쓰레기통까지 비워야 진정한 정리지."

부모의 태도가 아이를 단단하게 키웁니다

"못하냐!" "안 하냐!"라는 말을 구분 없이 사용하지 마세요. 두 말의 차이는 아주 커요. 강조컨대, 이 차이는 부모의 말과 톤을 결정하고, 아이를 바라보는 관점을 달라지게 해서 아이의 의욕과 자존감에 영향을 미칩니다. 할 줄 아는데 안 하면 하도록 하고, 할 줄 모르면 가르쳐 주세요. 부모는 아이의 '할 수 없다'를 '할 수 있다'로, '할 수 있다'를 '그러므로 제대로 잘해보자'로 격려하고 알려주는 분이니까요.

아이의 '마음을 이해'하는 만큼이나 아이의 '능력을 이해'하는 부모가 아이의 능력을 향상시킵니다. 아이가 못하나요? 방법을 알려주어 할 수 있는 능력을 길러주세요. 아이가 안 하나요? 하도록 이끌어 해내도록 해주세요. 아이가 못하거나 안 하는 이유를 잘 들어주고 공감하며 가르치는 게 중요합니다.

아이에게 "○○을 할 수 없어서 못하는 거니?"라고 물었을 때, "어떻게 해야 하는 건지 방법을 모르겠어"라고 답한다면 '모르겠어=못한다'로 해석하면 도움을 줄 수 있습니다. '모르겠어=안 한다'로 해석하면 혼내기부터 합니다. 아이가 모르겠다고 하면 "어떻게 정리하는지 잘 모르겠다는 거구나"라고 공감한 후 다음 단계로 나아가야 합니다. 그러면 정리 바구니가 필요한지 등 정리를 위한 구체적인 방법으로 진행하며 익히게 할 수 있습니다. 중요한 것은 아이가 '못'하든 '안' 하든 '비난'은 안 된다는 것입니다.

잊지 마세요. 공감하면 잘하고, 비난하면 점점 더 못합니다. 못한다고 혼내면 진짜 못하게 됩니다.

효과 만점 공감의 말

"모를 수도 있어, 지금부터 같이 해보자."
"오, 지난번보다 더 나아졌는데?"

아이가 마땅히 해야 할 일을 하지 않을 때, 무조건 안 하는 거라고만 보지 말고 방법을 모른다는 전제로 한 번 더 이야기 나눠보세요. 그리고 점차 그 능력을 키워주세요.

부모의 태도가 아이를 단단하게 키웁니다

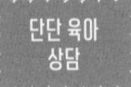
아이에게 감정을 다스리는
모습을 보여주세요

**Q. 아이가 자신이 한 잘못은 까맣게 잊고, "엄마는 맨날 화내!"
라고 할 때 난감합니다.**

A. 아이가 부모의 훈육을 '화'로만 받아들였다는 의미입니다. 그
럴 때는 "네가 잘했어도 엄마가 화를 냈겠어?"라고 반박하지 말
고, "화내려고 한 게 아니라 너를 도우려고 한 거야"라고 목적을
다시 알려줘야 합니다. 만약에 부모가 감정을 주체하지 못하고
화를 냈다면 이 부분은 솔직히 인정하는 어른다운 태도를 보여
주세요. "엄마가 큰소리를 낸 건 잘못이야. 하지만 네 행동은 고
쳐야 해"라고 말하는 것이 바람직합니다. 아이는 부모가 잘못을
인정하는 모습에서 말과 행동에 대한 책임감을 배우게 됩니다.

**Q. 아이가 "다른 집은 안 그러는데 우리 집은 왜 그래?"라고 말
하면 우리 집이 너무 엄격한 것 같은 생각이 들기도 합니다.**

A. 아이들은 흔히 다른 집 부모와의 비교를 통해 내 부모를 흔들
려 합니다. "방 정리 좀 해라"라고 하면 "내 방은 다른 애들 방에
비해 깨끗한 거야!"라며 다른 집은 굉장히 자유롭고, 다른 집 부

모는 아주 관대한 듯이 말합니다. 자신의 행동에 대해 합리화를 하기 위한 것이므로 이때는 "그럼 그 집 가서 살아!"라는 식으로 휘둘리지 말고, "그건 다른 집 규칙이고, 우리 집 규칙은 이거야"라고 분명히 말해야 합니다. 흔들리지 않는 부모의 태도가 아이에게 신뢰를 줍니다. 아이의 비교에 휘둘리지 않는 일관성은 아이에게 '우리 집 기준'을 내면화시키는 중요한 훈육입니다.

Q. 아이가 부모의 말을 무시할 때는 어떻게 해야 하나요?

A. 무시당한다는 느낌은 부모에게 상처가 되지만, 아이 입장에서는 '듣기 싫다'는 표현일 수 있습니다. 그럴 때 "왜 엄마 말 무시하는 거야?"라고 소리치기보다 "네가 대답하지 않으니 엄마가 속상하구나"라고 감정을 말해주세요. 무엇보다 부모가 아이에게 "너, 엄마 무시하는 거야?"라는 식으로 말하지 않아야 합니다. 부모가 스스로를 깎아내리는 발언을 하면 부모에 대한 신뢰와 존중감이 약해집니다. 설령 아이가 부모 말을 안 듣고, 대답을 안 하더라도 그럴 수 있다고 담담하게 대하는 게 좋습니다. 부모가 아이의 감정에 흔들리지 않고, 감정을 잘 다스리는 모습을 보여주세요. 아이는 부모를 든든한 존재로 느끼고 존경심을 갖게 될 겁니다. 마음이 힘들 때는 아이와 잠시 거리를 두고 호흡을 고르거나, 회복하는 시간을 가지는 것도 도움이 됩니다.

부모의 태도가 아이를 단단하게 키웁니다

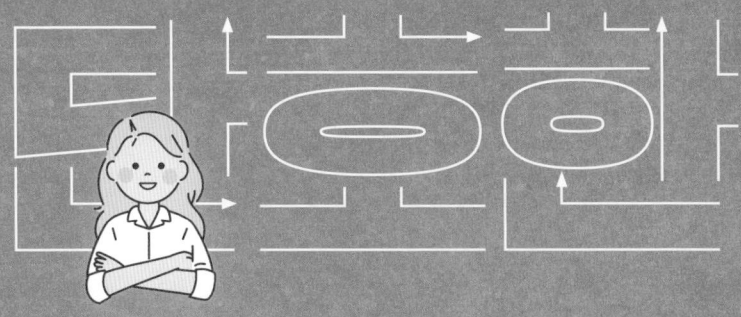

7장

바르게 혼난 부모를
아이는 평생
고마워합니다

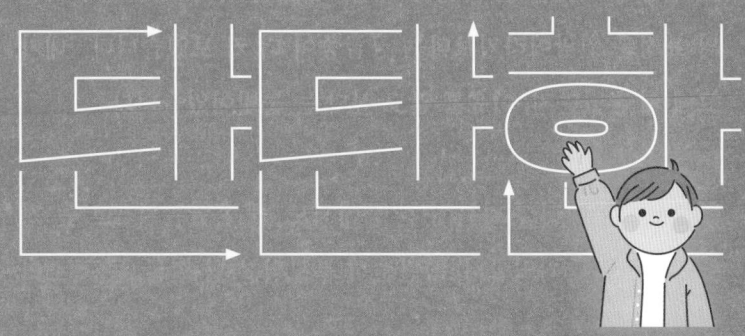

01

"그때 왜 혼냈어?"라는
물음에 대한 답

"엄마, 그때 나 왜 그렇게 혼냈어?"

어느 날 중학생이 된 아들이 불쑥 물었습니다. 어릴 적 자전거를 타다 크게 혼났던 기억을 떠올리며 한 말이었습니다. 순간 엄마는 가슴이 철렁했습니다. 혹시 그때 너무 심하게 화낸 걸 아직도 원망하고 있는 건 아닐까 걱정스러웠던 것이죠. 그런데 아들의 표정은 원망이라기보다는 궁금증이 더 커 보였습니다. '내가 그때 왜 혼났는지, 이유를 알고 싶다'는 눈빛이었습니다.

아이들은 여러 혼나는 순간 중에서도 '왜 혼났는지 모르는 경험'을 더 오래 기억합니다. 단순히 부모의 화난 얼굴, 큰 목소리만 남는다면 그것은 무서운 기억이 됩니다. 하지만 "그때 내가 친구를 때렸기 때문에 혼난 거야" "거짓말을 했기 때문에 안 되는 거라고 했구나" 등 혼난 이유가 분명히 남아 있다면, 시간이 지나서도 아이는 그 경험을 '내가 배운 순간'으로 기억합니다. 그래서 훈육에는 즉각성과 더불어 분명한 이유 제시가 중요합니다. 이유가 빠진 혼냄은 부모의 분노 표출로 기억되지만, 이유가 분명한 훈육은 감사함으로 기억합니다.

아래 두 가지 사례를 볼까요?

첫 번째 사례는 아이가 엄마에게 혼난 이유를 오해한 경우입니다.

어느 날 공부를 하던 아이가 갑자기 엎드려 울면서 이렇게 말했습니다.

"나 성적 안 나오면 어떡해. 엄마, 그때 나 시험 망쳤다고 혼냈잖아. 엄마는 내 성적이 중요하잖아."

그 말을 들은 엄마는 깜짝 놀랐습니다. 사실 엄마가 화낸 건 성적 때문이 아니라, 약속을 어기고 스마트폰을 늦게까지 했고, 거기다 공부했다고 거짓말까지 했기 때문이었습니다. 하지만 그때 아이에게 이유를 설명하지 않고 며칠 후 성적표를 보고, "도대체 이 성적이 뭐니!"라고만 소리쳤던 것이 문제였습니다.

두 번째 사례는 야단친 이유를 분명히 말한 경우입니다.

아이가 길에서 갑자기 뛰어가자 엄마는 놀라서 큰 소리로 혼냈습니다. 아이는 울면서 "엄마 나쁘다!" 하고 소리쳤습니다. 그 순간 엄마가 진정하고 말했습니다.

"엄마가 야단친 건 네가 위험할까 봐야. 차가 오면 네가 다칠 수 있으니까 무섭게 말한 거야."

아이는 잠시 울다 말고 고개를 끄덕였습니다. 그후로는 길을 건널 때 엄마 손을 꼭 잡으려 했습니다. 아이가 기억한 건 '엄마가 날 미워해서 화낸 게 아니라, 나를 지켜주려고 야단쳤구나'라는 메시지였습니다.

훈육 직후에는 아래와 같이 아이에게 이유를 알려주는 한 줄이 필요합니다.

"자전거를 타고 차도 가까이 가면 안 돼. 위험해. 그런데 네가 차도 가까이 가서 소리친 거야."

"엄마가 화낸 건 네가 친구를 때려서야. 화가 나도 누굴 때리면 절대 안 돼."

"아빠가 큰소리 낸 건 약속을 안 지켰기 때문이야. 약속은 꼭 지켜야 해."

"엄마가 네게 화낸 건 성적 때문이 아니야. 거짓말을 했기 때문이야."

이런 한 줄은 아이의 기억을 '무섭고 불쾌한 경험'에서 '교훈이 되는 경험'으로 바꿉니다.

부모의 감정이 아니라, 아이의 배움을 중심에 두기

아이가 혼란에 빠지는 경우는 또 있습니다. 훈육할 때 부모가 감정을 앞세우는 경우입니다.

"엄마가 너 때문에 창피했어" "아빠한테 그러면 기분 나쁘지"와 같은 말은 아이에게 훈육의 본질이 아니라 부모 감정에 중심을 두는 기억으로 남습니다. 그러나 아이가 배워야 할 것은 부모의 기분이 아니라 옳고 그름의 기준입니다. 아이는 '내 행동 때문에 부모의 기분이 나빴다'가 아니라 '내 행동이 잘못되었다'라는 이유를 기억해야 합니다.

부모는 아이가 혼난 이유를 '아이도 당연히 알겠지'라고 생각하지만, 실제로 아이는 다르게 기억하는 경우가 많습니다. 앞의 사례처럼 부모는 거짓말 때문에 화냈는데, 아이는 성적 때문이라고 받아들이는 식이지요.

아이가 상황을 돌아보고 스스로 이유를 말해보게 하는 것도 좋습니다.

"네가 왜 혼났다고 생각하니?"라고 묻고, 아이가 스스로 답하도록 기다려주는 것이죠. 단, 이때도 아이가 엉뚱하게 해석한다면, 반드시 "○○ 때문이 아니라 ○○ 때문이야"라고 정리해 주어야 합니다.

이유 없이 혼나는 것은 억울하고 무서운 기억으로만 남지만, 이유가 있는 훈육은 시간이 지나 아이 마음속에서 '소중한 경험'으로 바뀝니다. 아이들이 커서 "그때 왜 혼냈어?"라고 묻는 순간, 부모가 이유를 명확히 말할 수 있다면 그것은 성공적인 훈육의 증거입니다. 혼내는 행위 자체보다 중요한 것은 아이 마음속에 남는 훈육의 이유입니다. 그 이유가 분명하다면, 아이는 시간이 흘러도 부모의 혼냄을 가르침으로 받아들이고, 원망하지 않고 감사할 것입니다. 그때의 훈육이 부모가 자신을 위해 준 사랑의 방식이라는 것을 알기 때문입니다.

02

단단한 아이로 키우기 위해 부모가 먼저 단단해지기

"선생님, 저도 아이 앞에서는 단호하고 싶어요. 그런데 막상 아이가 울면 흔들려요. 결국 안아주고, 봐주게 됩니다."

최근 들어 상담 자리에서 자주 듣는 말입니다. 공감과 마음 읽어주기의 후유증이 육아 현장 곳곳에서 나타나는 것이지요. 그런 만큼 부모는 아이를 강하게 키우고 싶지만, 한편 정작 부모 자신이 단단하지 못해 훈육의 기준을 무너뜨리곤 합니다. 하지만 중요한 사실이 있습니다. 아이의 단단함은 부모의 단단함(단호함)에서 비롯된다는 것입니다.

많은 부모가 '단단하다'는 말을 '엄격하다' '무섭다'와 같은 의미로 받아들이곤 합니다. 그러나 단단하다는 건 무섭게 대한다

바르게 혼낸 부모를 아이는 평생 고마워합니다

는 뜻이 아닙니다. 흔들리지 않는 태도를 뜻합니다. 아이가 울고 떼를 써도, 내 감정이 요동쳐도, 훈육의 원칙을 지켜내는 힘이 바로 단단함입니다.

예를 들어, 아이가 장난감을 사달라며 마트 바닥에 드러눕는 상황을 떠올려 봅시다. 부모가 창피하다고, 주변 시선을 의식해 서둘러 사주면, 아이는 '울면 결국 내가 원하는 걸 얻을 수 있다'는 공식을 학습합니다. 반면 부모가 차분히 울음이 끝나길 기다리거나 아이를 안아 일으켜 세우며, "지금은 안 돼. 네가 울어도 달라지지 않아"라고 말한다면, 아이는 비록 그 순간에는 받아들이지 않더라도, 결국 부모의 단단한 기준을 내면화하게 됩니다.

가르칠 것을 가르칠 때는 흔들리지도 말고, 물러서지도 말아야 합니다. 아이가 흔들어도 단단하게 버텨야 아이가 배웁니다. 아이도 그런 부모를 원합니다. 어린 자신과 어른 부모가 같기를 바라지 않기 때문입니다.

아이의 안정감은 부모가 흔들리지 않는 데서 옵니다. 훈육 상황에서 부모가 감정적으로 폭발하면 아이는 두려움만 배우고, 부모가 쉽게 무너지면 아이는 불안을 배웁니다. 하지만 부모가 차분히, 그러나 단호하게 일관성을 유지하면 아이는 마음속 깊이 "세상에는 기준이 있구나" "엄마 아빠는 믿을 수 있는 사람이구나"라는 생각을 갖게 됩니다.

단단한 부모가 되기 위한
세 가지 원칙

아이에게 안정감을 주는 단단한 부모가 되려면 어떻게 해야 할까요? 몇 가지 원칙을 세워두면 그리 어렵지 않습니다. 물론 다양한 돌발 상황도 있겠지만, 아래 세 가지 원칙을 갖고 육아를 해나가다 보면 아이와 안정적인 관계를 맺어갈 수 있을 거예요.

첫 번째는 훈육 원칙을 미리 세우는 것입니다.

"약속을 어기면 어떻게 할까?" "거짓말을 했을 때 어떻게 반응할까?"에 대한 기준을 미리 세워두세요. 상황이 닥쳐서 감정에 휩쓸리지 않으려면, 사전에 기준을 만들어야 합니다. 그리고 이것을 아이에게도 미리 알려주면, 아이도 기준을 내면화해 실수와 잘못을 줄일 수 있습니다.

두 번째는 아이의 감정과 부모의 감정을 구분하는 것입니다.

아이가 울면 부모도 불안합니다. 그러나 아이가 힘들어하는 것과 부모가 불안한 것은 다른 문제입니다. 아이의 눈물이 불편해서 훈육을 무너뜨린다면 단단한 부모가 될 수 없습니다. 아이에게는 자신의 감정에 흔들리는 부모가 아니라 자신을 단단히 잡아줄 부모가 필요합니다. 아이 감정에 부모가 흔들린다면 부모와 아이 모두 바로 설 수 없습니다.

<u>세 번째는 짧고 분명한 언어를 사용하는 것입니다.</u>
단단한 부모는 잔소리를 늘어놓지 않습니다. 앞서 여러 번 강조했듯이 "지금은 안 돼" "약속을 어겼으니 가지고 놀 수 없어" "먹을 시간 지났어"와 같이 짧고 단호한 말이 아이 마음속 기준을 바르고 단단히 세웁니다. 긴 설명은 오히려 부모의 불안을 드러낼 뿐입니다. 약한 부모일수록 변명과 핑계로 아이를 혼란스럽게 합니다. 단단한 부모는 아이 수준에 맞춰 분명한 언어를 사용합니다.

아이에게 부모는 첫 번째 세상입니다. 부모가 단단하지 못하면 아이는 세상이 불안하다고 느낍니다. 부모가 흔들리지 않고 기준을 지켜낼 때, 아이는 울고, 떼를 쓰고, 반항하면서도 부모의 기준을 내면화합니다. 부모의 기준은 그만큼 중요합니다. '아이를 위해서'라는 절대적 기준을 잊지 마세요.
훗날 아이가 성장해 "그때 엄마 아빠가 나를 단단히 잡아줘서 고마웠다"라고 말하는 순간이 올 것입니다. 아이의 눈물과 떼쓰기를 견뎌내는 부모의 단단함은 아이가 세상 앞에서 무너지지 않도록 성장시킵니다. 단단한 부모가 아이를 단단하게 키울 수 있음을 잊지 맙시다.

03

아이가 평생
고마워하는 부모

　요즘 부모들은 정말 바쁩니다. 유아 교육 기관에도 종일반 아이들이 점점 늘고 있다고 합니다. 그만큼 바쁜 부모들이 많다는 증거입니다. 특히 요즘 부모는 자기 계발도 필요하고, 직장에서의 승진이나 업무 수행을 위해 배워야 할 것들도 많습니다. 한마디로 바쁘고 지친 삶을 살아가고 있지요. 아이와 함께하고 싶은 마음은 비할 데 없이 크지만 상황이 받쳐주지 못해 그러지 못하는 것이 현실 육아이기도 합니다. 그러다 보니 잘하고 싶은 마음이 앞서 내 아이에 대해 모른 채, 공감과 훈육을 하는 경우가 많습니다. 그러다 보면 공감과 훈육 중 하나에 치우치는 문제가 생기기도 합니다.

극단적 공감형 부모 vs 극단적 훈육형 부모

첫 번째는 극단적 공감형입니다.

부모는 자신이 바쁘고 아이와 함께할 시간이 부족하다는 미안함 때문에 '그럴수록 아이에게 더 잘해줘야지'라는 마음을 갖게 됩니다. 그래서 아이에게 칭찬하고, 격려하고, 응석을 받아주며 스스로 위안을 삼습니다. 이 유형의 부모는 아이의 마음을 읽어주고, 공감해 주는 것이 육아의 모든 것이라는 확신을 갖고 있지요.

반면, 극단적 훈육형도 있습니다.

이 유형은 자신이 아이를 시시각각 돌보며 훈육이 필요할 때 제대로 할 시간이 없기 때문에 아이가 빗나갈까 봐 노심초사합니다. 이런 부모는 대체로 아이를 통제하는 것이 잘 키우는 것이라는 육아관을 가지고 있습니다. 그렇다면 짧은 시간에 부모가 아이를 통제할 수 있는 가장 강력한 것은 무엇일까요? 바로 훈육입니다. 그러나 이때의 훈육은 '건강한 훈육'이 아니라, '가혹한 훈육'이 됩니다. 훈육이라고 포장했지만 실제로는 아이를 혹독하게 대하는 것이지요.

극단적 훈육형 부모는 짧은 시간에 가장 강력한 효과를 기대하며 엄한 훈육이라는 무기를 선택합니다. 하지만 그 과정에서 아이는 반항과 분노를 키웁니다. 훈육의 목표가 자기 조절감 향상이지만 이런 방식의 훈육은 아이에게 조절감을 길러주지 못하고, 분노만 차곡차곡 쌓이게 만듭니다.

아이와 많은 시간을 함께하지 못해 죄책감에 시달리는 부모, 열심히 사느라 바쁜 부모가 실천할 수 있는 아주 멋진 육아 방법을 소개합니다. 바로 퀄리티 타임Quality Time입니다.

언젠가 방송에서 '세계에서 가장 바쁜 아빠'라는 주제로 래리 곽이라는 분이 소개된 적이 있습니다. 이 분은 타임지 선정 세계에서 가장 영향력 있는 인물 100인에 선정되기도 했습니다. 바쁜 이 아빠는, 집에 오면 반드시 휴대폰을 끈다고 합니다. 그는 하루에 5분이라는 시간을 정해두고, 늦은 퇴근 후에도 아이와 시간을 보냈습니다. 단 5분이지만, 휴대폰을 끄고 온전히 아이에게 집중하는 시간, 그 시간만큼은 아이와 진심으로 함께했습니다. "아이들도 그 진심을 알아주었죠"라는 그의 말에 전적으로 동감합니다. 바로 이 5분이 퀄리티 타임입니다. 그 결과 그의 자녀들은 훌륭하게 성장했고, 모두 명문대에 진학했습니다. 5분이라는 짧은 시간이지만 자녀와의 대화에 몰입한다면, 학습에 대해서, 친구 관계에 대해서 이야기 나눌 수 있고 인성도 다듬어 줄 수가 있습니다.

바쁜 부모에게 정말 드리고 싶은 말은 이것입니다. 우리가 바쁘다는 이유만으로 극단적인 공감형, 또는 가혹한 훈육형이 되어서는 안 된다는 것입니다. 하루 5분도 못 내는 부모는 없을 거예요. 하루 5분, 우리는 충분히 낼 수 있습니다.

가장 짧은 시간에 아이를 통제할 수 있는 것이 과거에는 체벌이었습니다. 하지만 그것은 학대이고, 아이에게 상처와 트라우마를 남겼습니다. 아이는 무서워서 듣는 척했지만, 내면에는 분노와 앙심을 품었습니다. 그렇다고 아이에게 무조건 칭찬만 하고, 공감만 해주는 것 역시 옳지 않습니다. 그러면 균형을 잃은 육아가 되어, 불균형한 아이로 성장시킵니다. 저는 육아를 '양 날개' 키워주기로 곧잘 비유합니다.

한쪽 날개는 효능감, 유능감, 자신감의 날개입니다. 이 날개는

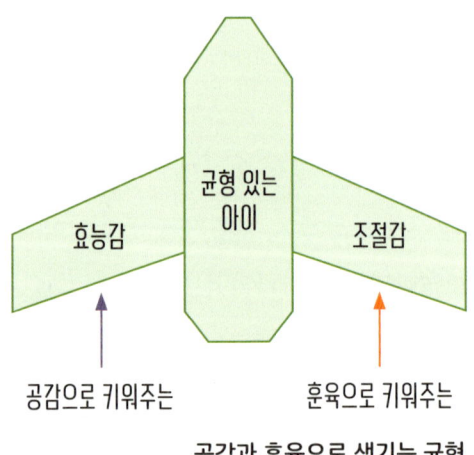

공감과 훈육으로 생기는 균형

칭찬과 격려, 공감으로 키워줄 수 있습니다. 또 다른 날개는 조절감의 날개입니다. 이 날개는 훈육으로 키워줄 수 있습니다. 아이들은 효능감과 조절감, 이 두 날개를 가지고 세상을 향해 날아갑니다.

"나는 할 수 있어."

"나는 하면 안 되는 건 안 할 거야."

이렇게 할 수 있다는 자신감과 조절할 수 있다는 조절감의 두 날개로 아이는 자신의 꿈을 활짝 펼치며 날 수 있습니다. 아무리 능력이 있어도 할 것과 하지 않을 것을 지키지 않고 제멋대로 한다면 능력은 결국 펼칠 수 없습니다. 이 세상은 그런 안하무인을 인정하지 않으니까요. 올바른 공감과 훈육으로 아이에게 날개를 달아주세요.

공감할까, 훈육할까? 아이에게 알아내자

극단적 공감이나 가혹한 훈육의 문제는 그 속에 진정한 사랑과 관심이 빠져 있다는 것입니다. 극단적 공감을 하고 "이 정도면 나도 잘하는 부모야"라는 자기 위안에 빠진다면 부모는 '내 아이가 어떤 아이인지' 모른 채 시간을 흘려보냅니다. 가혹하게 만 대하면 아이는 부모라는 안전 기지를 잃어버리고, 엉뚱한 곳에서 위안을 찾습니다.

결국 지나치게 칭찬만 하거나 지나치게 가혹하게 대하면 부모는 아이를 알지 못합니다. 아이조차도 자신이 무엇을 원하는지 모르고, 또래나 무리에게 끌려다니는 삶을 살게 되지요. 특히 가혹한 훈육형 부모의 아이는 마음 둘 데가 없어 다른 곳에서 인정을 받으려다 부모가 상상할 수 없는 문제를 일으키기도 합니다. 사춘기가 된 어느 날, 문제가 터졌을 때 부모는 "우리 아이가 그럴 리가 없어요"라고 말합니다. 우리 아이가 그럴 리 없는 게 아니라, 부모가 아이를 몰랐던 것입니다.

하루 5분만이라도 아이에게 집중해 보세요. 그 시간들이 부모에게 가르쳐 줄 거예요. 아이가 공감을 원하는지, 어떤 공감을 원하는지, 자신을 어떻게 알아주었으면 좋겠는지, 무엇을 어떻게 칭찬받고 싶어 하는지를요. 그리고 훈육할 때 아이가 어떤 훈육을 원하는지도 알아내어 참고해야 합니다.

아이의 속마음에 귀 기울이면 이런 말이 들려올 거예요.

'엄마 아빠가 자랑스럽다고 말해주면 난 정말 힘이 나.'

'엄마, 이럴 땐 아무 말 안 하고 그냥 나를 안아주면 좋겠어.'

'내가 어떤 결정을 하면 좋을지 아빠 의견도 듣고 싶어.'

'소리 지르지 않고 내 실수를 차분히 가르쳐 주면 좋겠어.'

'하지 말라고만 말하지 말고, 어떻게 하면 좋은지 구체적으로 알려줘.'

많은 부모가 아이가 이런 생각을 하고 있다는 걸 모르기 때문에 갈등이 일어납니다. 알기만 한다면 아이가 대견하기도 하고 그에 맞춰 공감이든 훈육이든 할 수 있을 거예요.

아이에게 진심으로 집중하면 아이도 알아요. 부모가 바쁘고 힘들어도 자신에게 최선을 다하고 있음을요. 부모의 사랑을 온전히 느낄 거예요. 그리고 아이에게 가끔은 고백해 주세요.

"엄마, 아빠도 우리 ○○와 많은 시간을 보내고 싶은데, 그러지 못해 미안할 때도 많아."

미안한 마음에 무조건 칭찬하고 공감만 하면 아이는 조절력을 기르지 못합니다. 잘 키우고 싶은 조급한 마음에 혹독한 훈육을 하면 아이는 분노와 반항심만 키워 엇나가는 인생을 살게 됩니다. 공감할 때 진심으로 공감해 주고, 훈육할 때 단호하게 훈육하는 부모가 되어주세요. 그러면 아이는 평생 부모에게 감사하며, 행복한 인생을 살게 될 거예요.

바르게 혼낸 부모를 아이는 평생 고마워합니다

단호한 부모가
단단한 아이를 만듭니다

감정은 따뜻하게 읽고, 행동은 강단 있게 이끄는 똑똑한 훈육 수업

초판 1쇄 인쇄 2025년 12월 17일
초판 1쇄 발행 2026년 1월 5일

지은이 임영주

발행인 손은진
개발책임 김문주
개발 김민정 정은경
제작 이성재 장병미
마케팅 엄재욱 강보현
디자인 채홍디자인

발행처 메가스터디(주)
출판등록 제2015-000159호
주소 서울시 서초구 효령로 304 국제전자센터 24층
대표전화 1661-5431 (내용 문의 02-6984-6892 / 구입 문의 02-6984-6868,9)
홈페이지 http://www.megastudybooks.com
원고투고 메가스터디북스 홈페이지 <투고 문의>에 등록

ISBN 979-11-297-1686-6 (03590)

메가스터디BOOKS
'메가스터디북스'는 메가스터디㈜의 교육, 학습 전문 출판 브랜드입니다.
초중고 참고서는 물론, 어린이/청소년 교양서, 성인 학습서까지 다양한 도서를 출간하고 있습니다.